集散控制系统组态及应用

主　编　李　宁　蒋兴加
副主编　杨　铨　谢　彤　李　翔
参　编　梁礼群　杨　智　陆中全
主　审　林勇坚

U0234150

北京理工大学出版社
BEIJING INSTITUTE OF TECHNOLOGY PRESS

内 容 简 介

本书立足于将新知识、新技术、新方法、新标准、新理念融合到教学实践中，既满足培养德才兼备人才的要求，又立足于培养可持续成长人才需要。采用项目式教学，重视培养学生的实践动手能力，强调职业道德修养，通过项目合理分解和过程考核评价，提升学生学习的主观能动性。

本书选用主流的西门子可编程控制器硬件平台和组态工、TIA Portal 组态软件为核心，以集散控制系统常识、组态软件技术应用能力和职业素养为培养目标，以项目载体、活页教材、思政元素三位一体进行学习情境的设计。教材内容围绕集散控制系统常识、电动机正反转、机械手监控系统、烤炉监控系统、DCS综合应用等项目载体递进展开。

本书编者具有丰富的教学和工程实践经验，教学任务设计合理，任务实施过程步骤清晰，易于学习和掌握。本书可作为高等院校和高职院校电气自动化、仪表自动化、机电一体化等专业的教学用书，也可供相关工程技术人员参考。

图书在版编目（CIP）数据

集散控制系统组态及应用／李宁，蒋兴加主编. --

北京：北京理工大学出版社，2024.1

ISBN 978 - 7 - 5763 - 3930 - 7

Ⅰ.①集… Ⅱ.①李… ②蒋… Ⅲ.①集散控制系统

－高等学校－教材 Ⅳ.①TP273

中国国家版本馆 CIP 数据核字（2024）第 091055 号

责任编辑：钟　博　　　文案编辑：钟　博
责任校对：刘亚男　　　责任印制：李志强

出版发行 ／ 北京理工大学出版社有限责任公司

社　　址 ／ 北京市丰台区四合庄路 6 号

邮　　编 ／ 100070

电　　话 ／ （010）68914026（教材售后服务热线）

　　　　　　（010）68944437（课件资源服务热线）

网　　址 ／ http://www.bitpress.com.cn

版 印 次 ／ 2024 年 1 月第 1 版第 1 次印刷

印　　刷 ／ 涿州市新华印刷有限公司

开　　本 ／ 787 mm×1092 mm　1/16

印　　张 ／ 11.75

字　　数 ／ 252 千字

定　　价 ／ 69.00 元

前　言

目前，大数据、云计算迅速发展和应用，工业软件应用开发人才供需矛盾问题日益凸显，应用型人才缺口巨大，组态软件应用技术是智能制造的关键因素。为了更好地对接教研教改成果和智能控制先进技术，满足人才培养的需求，编者以控制类专业标准及职业岗位标准为依据，在立足于服务地方经济建设的同时，充分考虑通用性；通过广泛的调研、分析、交流研讨，融合"工学结合""立德树人"和"活页式教材"基本理念，编写了本书。

随着智能控制技术、计算机技术、通信技术、软件技术的不断发展，集散控制系统（Distributed Control System，DCS）朝着智能化、综合控制、信息化、节能环保等方向发展。本书立足于将新知识、新技术、新方法、新标准、新理念融入教学实践，既满足培养德才兼备人才的要求，又满足培养可持续成长人才的需要。

本书采用项目式教学，重视培养学生的实践动手能力，强调职业道德修养，通过项目的合理分解以及过程考核评价，提升学生学习的主观能动性。本书以主流的西门子可编程控制器硬件平台和组态王、TIA 博途软件为核心，以 DCS 基本常识、组态软件技术应用能力和职业素养为培养目标，将项目载体、新型活页式教材、思政元素结合，进行学习情境的设计。本书内容围绕 DCS 基本常识、机械手监控系统组态、烤炉监控系统组态、DCS 综合应用递进展开，符合学生的认知规律。

本书由广西机电职业技术学院李宁、蒋兴加主编；广西工业职业技术学院杨铨、谢彤和广西机电职业技术学院李翔任副主编；广西机电职业技术学院梁礼群、广西机械工业研究院杨智、广西华银铝业有限公司陆中全参编；广西机电职业技术学院林勇坚主审。由于编者水平与时间有限，对于书中不足之处，恳请读者批评指正。

编　者

目　　录

绪　　论

1. 课程概况

"DCS 组态软件应用技术"课程（以下简称"本课程"）具有软件与硬件结合、理论与实践结合的特点，是综合性、理论性、实践性较强的专业课程，其所涉及的知识面广，对技能的要求高，具有广泛的实用价值。本书以项目教学法为主导，结合指导、演示、讨论、合作等授课方法使学生自主完成项目；要求理论联系实践，重在理解、应用、联想拓展和勤于训练。

本课程在集成电工电子电路、电气控制和可编程控制器应用、自动控制理论及系统、电气线路安装、变频器、智能仪器仪表等前期自动化应用技术主干先修课程相关知识和技能的基础上，利用 DCS 对生产过程进行集中监视、操作、管理和分散控制的综合功能，为后续"自动化仪表维修工""ASE 助理工程师"等职业资格证书的考取、毕业设计、毕业顶岗实习以及综合技能提升打下坚实的基础，也为学生走向工业自动生产控制系统工作岗位的职业能力培养奠定良好的基础。

本书根据本课程的培养目标、特点、就业岗位、职业资格考证及课程设计思路，遵循学生的认知规律和职业教育特色——从简单到复杂，逐级递进；本着理论够用，重在实践的原则，以项目为载体进行学习情境设计，采用任务驱动的教学方式组织教学。本书包括以下项目：DCS 基本常识、机械手监控系统组态、烤炉监控系统组态、DCS 综合应用。

2. 培养目标

本书的目的在于使学生通过本课程的学习，掌握 DCS 的概念、功能、组成、体系结构、工作原理和操作、安装、调试应用；掌握工业组态软件的基本应用方法和项目开发能力，力求使学生具备相关职业岗位必需的知识、技能和素养。

根据专业培养基本目标、就业岗位、岗位职责等方面的要求，本课程的培养目标归纳为专业能力目标、方法能力目标和素质目标，如表 0 - 1 所示。

表 0 - 1　本课程的培养目标

培养目标	1. 专业能力目标 （1）掌握 DCS 硬件、软件体系，原理，特点和发展趋势。 （2）掌握主流 DCS 组态软件的安装、组态、开发、调试和应用。 （3）掌握 DCS 项目工程要素实施方法和基本技能。 （4）掌握构筑相关职业岗位必需的基本知识和技能，提升职业能力和综合素质

培养目标	2. 方法能力目标 （1）理论联系实践，理论指导实践，实训平台对接工程应用。 （2）具备工程观念和素质，形成系统集成观念。 （3）掌握快速查阅、使用资料的能力以及结合他人成果与自主创新，满足自身需要的思维方法和能力。 （4）建立分析问题、解决问题、综合应用知识和技能的基本思路及步骤。 （5）培养沟通、交际能力和团队协作精神
	3. 素质目标 （1）培养高尚的爱国情操和家国情怀。 （2）培养工匠精神。 （3）关注劳动保护与环境保护。 （4）培养安全意识和质量意识。 （5）具有良好的职业道德和敬业乐业的工作作风

项目1 DCS 基本常识

1.1 项目工作页

学生初次接触 DCS 和组态软件，以教师讲解、示范操作和观摩 DCS 应用工程视频为主，并结合自动控制系统、可编程控制器等相关知识自主深化学习。首先，通过回顾自动控制系统和可编程控制器的概念、组成、控制原理，领会 DCS 的概念、原理、特点；其次，利用实训平台及指导书加深对 DCS 基本常识的理解，为完成后续教学项目奠定良好的基础；最后，通过阅读本书、组态软件帮助文档和观看视频资料，自主完成本项目的相关内容。

本项目的重点是掌握 DCS 的基本概念，即 DCS 和组态的定义、组成、作用和工作机制。为把握本项目的学习要求和重点，通过阅读本书和相关参考资料，自主完成项目工作页的相关内容。

（1）简述 DCS 的基本概念及常用品牌。

①DCS 的定义：＿＿＿＿＿＿＿＿＿＿＿＿＿＿＿＿＿＿＿＿＿＿＿＿＿＿＿＿＿

＿＿＿＿＿＿＿＿＿＿＿＿＿＿＿＿＿＿＿＿＿＿＿＿＿＿＿＿＿＿＿＿＿＿＿＿＿＿

②国内 DCS 常用品牌：＿＿＿＿＿＿＿＿＿＿＿＿＿＿＿＿＿＿＿＿＿＿＿＿＿＿

③国外 DCS 常用品牌：＿＿＿＿＿＿＿＿＿＿＿＿＿＿＿＿＿＿＿＿＿＿＿＿＿＿

④DCS 的作用：＿＿＿＿＿＿＿＿＿＿＿＿＿＿＿＿＿＿＿＿＿＿＿＿＿＿＿＿＿

（2）绘制 DCS 结构总体框图，并说明工程师站、操作员站、控制站、通信网络的作用。

①工程师站的作用：＿＿＿＿＿＿＿＿＿＿＿＿＿＿＿＿＿＿＿＿＿＿＿＿＿＿＿

代表性硬件为：＿＿＿＿＿＿＿＿＿＿＿＿＿＿＿＿＿＿＿＿＿＿＿＿＿＿＿＿＿＿

②操作员站的作用：＿＿＿＿＿＿＿＿＿＿＿＿＿＿＿＿＿＿＿＿＿＿＿＿＿＿＿

③控制站的作用：＿＿＿＿＿＿＿＿＿＿＿＿＿＿＿＿＿＿＿＿＿＿＿＿＿＿＿＿

代表性硬件为：＿＿＿＿＿＿＿＿＿＿＿＿＿＿＿＿＿＿＿＿＿＿＿＿＿＿＿＿＿＿

④通信网络的作用：＿＿＿＿＿＿＿＿＿＿＿＿＿＿＿＿＿＿＿＿＿＿＿＿＿＿＿

（3）简述操作员站、控制站的常用通信方式。

操作员站、控制站的常用通信方式示例：＿＿＿＿＿＿＿＿＿＿＿＿＿＿＿＿＿＿

（4）什么叫作组态？列举国内外常用组态软件。

①组态的定义：＿＿＿＿＿＿＿＿＿＿＿＿＿＿＿＿＿＿＿＿＿＿＿＿＿＿＿＿＿

②国内常用组态软件：＿＿＿＿＿＿＿＿＿＿＿＿＿＿＿＿＿＿＿＿＿＿

③国外常用组态软件：＿＿＿＿＿＿＿＿＿＿＿＿＿＿＿＿＿＿＿＿＿＿

（5）简述组态王或 TIA 博途软件的版本和安装步骤。

①软件版本：＿＿＿＿＿＿＿＿＿＿＿＿＿＿＿＿＿＿＿＿＿＿＿＿＿＿

②软件安装步骤：＿＿＿＿＿＿＿＿＿＿＿＿＿＿＿＿＿＿＿＿＿＿＿＿

（6）基于组态王或 TIA 博途软件实现电动机正反转监控项目。

1.2 DCS基本概念

1.2.1 自动控制系统回顾

自动控制，就是在没有人直接参与的情况下，利用外加的设备或装置（控制装置），使机器、设备或生产过程（控制对象）的某个工作状态或参数（被控量）自动地按照预定的规律运行。实现自动控制的系统称为自动控制系统。

1. 典型自动控制系统原理框图

（1）过程控制系统原理框图如图 1 - 1 所示。自动控制系统由控制器、执行器、传感器及变送器和被控对象组成，其主要任务是：对生产过程中的重要参数（温度、压力、流量、物位、成分、湿度等）进行控制，使其保持恒定或按一定规律变化。

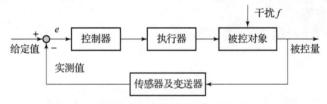

图 1 - 1　过程控制系统原理框图

（2）计算机闭环控制系统原理框图如图 1 - 2 所示。计算机闭环控制系统就是应用计算机参与控制，并借助一些辅助部件与被控对象联系以实现一定控制目的的系统。计算机闭环控制系统一般由控制器、D/A 和 A/D 转换器、执行机构、检测机构、被控对象等组成。

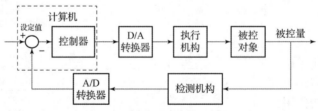

图 1 - 2　计算机闭环控制系统原理框图

2. 自动控制系统基本组成

1）传感器及变送器简介

传感器是将被测量（如物理量、化学量、生物量等）变换成另一种与之有确定对应关系的、便于测量的量（通常是电物理量）的装置。传感器类型众多，可以从不同角度进行分类。传感器按用途分类，有机械量传感器（如位移传感器、力传感器、速度传感器、加速度传感器、应变传感器等）、热工量传感器（如温度传感器、压力传感器、流量传感器、液位传感器等），此外还有各种化学传感器、生物量传感器、光电传感器等；按输出形式分类，有数字量、模拟量、开关量等类型；按物理量原理分类，有电参量式传感器（包括电阻式、电感式、电容式等3种基本型式）、磁电式传感器（包括磁电感应式、霍尔式、磁栅式等）、光电式传感器（包括光电式、光栅式、激光式、光电码盘式、光导纤维式、红外式、摄像式等）以及其他各种类型的传感器（如压电式、气电式、热电式、超声波式、微波式、射线式和半导体式等）。

传感器的一般指标包括可靠性、量程、精确度、灵敏度、分辨率、线性度和动态指标，以及检测元件对被测对象的影响、能耗、抗干扰能力和价格等。传统的传感器一般需要续接变送器，现在很多传感器和变送器集成为一体，而且新型传感器朝着智能化、网络化的方向发展。传感器及变送器是DCS中现场控制级主流设备之一。关于传感器还有结构、工作原理、选型、安装、调试、维护及检定等相关知识，可查阅相关资料学习。

2）执行器简介

所谓执行器（执行装置），就是"把控制器输出的控制量，经电、液压和气压等各种能源的能量转换变成旋转运动、直线运动等的装置"，简言之就是将控制器的输出转化为对被控对象的实际操作（动作）的设备。执行器由执行元件和辅助元件组成。执行元件受放大信号的驱动，直接带动被控对象完成控制任务。执行器就其能源性质，可分为电动执行器、液动执行器、气动执行器三大类。常用的执行元件有液压电动机、气动电动机、阀。从狭义上说，执行元件的作用是将电信号、液压信号或气压信号转换成机械位移、速度等量的变化。

自动控制系统对执行器的基本要求如下：具有良好的静态特性、调节特性、机械特性及快速响应的动态特性。电动执行器一般由驱动放大器和执行机构两部分组成；气动执行器、液动执行器一般由执行机构和调节阀两部分组成，调节阀类型有插板阀，浆液阀，单座、双座控制阀，隔膜控制阀，蝶阀，球阀，旋转阀，套筒阀。传统的执行器接受标准的模拟信号，新型的执行器朝着数字化、智能化、网络化的方向发展，以适应DCS和现场总线控制系统新技术的发展和应用要求。

3）控制器简介

所谓控制器，是将生产过程参数的测量值与给定值进行比较，得出偏差后根据一定的数学运算（或调节规律）产生输出信号，推动执行器消除偏差，使生产过程参数保持在给定值附近或按预定规律变化的设备，又称为调节仪表。控制器通常分为模拟控制器和数字控制器。数字控制器的主要形式包括单片机智能仪表、可编程控制器（PLC）、计算机。目前广泛使用的是PLC。

PLC主要由微处理器单元、过程I/O单元、面板单元、通信单元、人机接口单元、编程单元等组成。PLC不仅可以作为大型DCS中低层的控制单元，在一些重要场合还可以单独构成复杂控制系统。

控制器的核心为控制规律。控制规律的实质是控制量与输入偏差两者的数学运算关系。习惯上，把用于实现控制规律的设备或装置称为控制器。对偏差的比例、积分和微分运算的控制称为 PID 控制，它是自动控制系统中应用最广泛的一种控制方式。在系统中引入偏差的比例控制，可以保证系统的快速性；引入偏差的积分控制，可以提高控制精度；引入偏差的微分控制，可以消除系统惯性的影响。智能控制仪表和 PLC 都具有 PID 控制功能，可以通过 PID 系数的整定满足控制要求。

1.2.2　DCS 的概念和基本功能

1. DCS 的引入

DCS 应用案例如图 1-3 所示。DCS 诞生于 20 世纪 70 年代，随着智能控制、工业互联网、数据云等先进理论和技术的不断发展，DCS 从底层的实时控制、优化控制上升到生产调度、经营管理，以至最高层的战略决策，形成具有柔性、高度自动化的智能管控一体化系统。

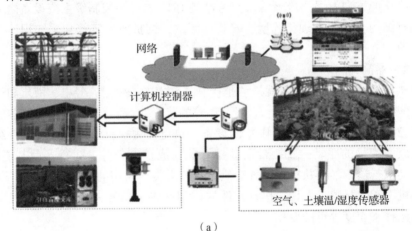

（a）

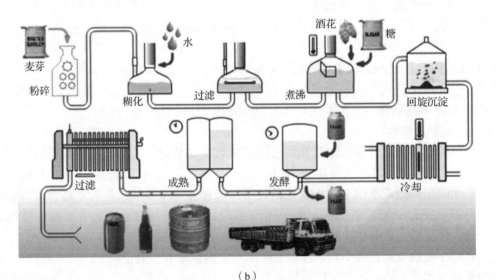

（b）

图 1-3　DCS 应用案例

（a）自动化温室大棚示意；（b）啤酒生产工艺流程示意

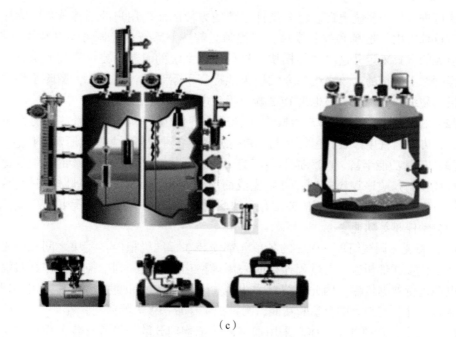

（c）

图 1-3　DCS 应用案例（续）

(c) 啤酒生产仪表示意

2. DCS 的定义及作用

DCS 是以多台微处理器为基础，对生产过程实行集中监视、集中操作、集中管理和分散控制的一种全新的分布式计算机控制系统。DCS 是控制技术、计算机技术、通信技术、图形显示技术和网络技术相结合的产物，是一种操作显示集中、控制功能分散、采用分级分层体系结构、局部网络通信的计算机综合控制系统，其目的在于控制、管理复杂的生产过程或整个企业。

3. DCS 的特点

DCS 与常规模拟仪表及集中型计算机控制系统相比具有以下特点。

（1）构成灵活。从总体结构上看，DCS 分为通信网络和工作站两大部分，各工作站通过通信网络互连构成一个完整的系统。工作站采用标准化和系列化设计，硬件采用积木化搭接方式配置，软件采用模块化设计，采用组态方法构成各种控制回路，用户可根据工程对象及要求，对方案和系统规模进行修改。

①硬件积木化。DCS 采用积木化硬件组装式结构，系统配置灵活，可以方便地构成多级控制系统。如果要扩大或缩小系统的规模，只需按要求在系统中增加或拆除部分单元，而系统不会受到任何影响。这样的组合方式有利于企业分批投资，逐步形成一个在功能和结构上由简单到复杂、从低级到高级的现代化管理系统。

②软件模块化。DCS 为用户提供了丰富的功能软件，用户只需按需要选用即可，大大减小了用户的开发工作量。功能软件主要包括控制软件包、操作显示软件包和报表打印软件包等。DCS 还提供过程控制语言，供用户开发控制程序和高级的应用软件。

③可进行控制系统组态。DCS 设计了使用方便的面向用户的编程软件，为用户提供了数百种常用的运算和控制模块，工程师只需按照系统的控制方案从中选择模块，并以填表的方式来定义这些功能模块，进行控制系统的组态。控制系统的组态一般是在工程师站上进行的。填表组态方式极大地提高了系统设计的效率，解除了用户使用计算机必须编程的困扰，这也是 DCS 能够得到广泛应用的原因之一。

（2）操作管理简便。DCS 为操作和管理人员提供了功能强大和友好的人机界面（HMI），方便监视生产装置运行状况、快捷地操控各种设备，并提供所需的信息。

（3）控制功能丰富。DCS 提供丰富的功能软件包，可以进行连续的反馈控制、间断的批量控制和顺序逻辑控制；可以完成简单的控制和复杂的多变量模型优化控制；可以执行 PID 运算和 Smith 预估补偿等多种控制运算，并具有多种信号报警、安全联锁保护和自动停车等功能。

（4）安装、调试简单。DCS 的各单元都安装在标准机柜内，模块之间采用多芯电缆、标准化接插件相连。与过程连接时采用规格化端子板，到中控室操作站只需敷设同轴电缆进行数据传输，因此布线量大为减少，便于装配和更换。DCS 采用专用软件进行调试，并具有强大的自诊断功能，为维护工作带来极大的便利。

（5）信息、资源共享。DCS 采用通信网络把物理分散的设备及各工作站连接成为统一的整体，实现数据、指令、状态的传输，共享整个系统的信息、资源。

通信网络是 DCS 的神经中枢，它将物理上分散配置的多台计算机有机地连接起来，实现了相互协调、资源共享的集中管理。通过高速数据通信线，将控制站、局部操作员站、监控计算机、中央操作员站、管理计算机连接起来，构成多级控制系统。DCS 一般采用同轴电缆、双绞线或光纤作为通信介质，通信距离可按用户要求从十几米到十几千米，通信速率为 1~100 Mbit/s。DCS 的通信网络可满足大型企业的数据通信要求，实现实时控制和管理。

（6）安全可靠。DCS 在设计、制造时采用了多种可靠性技术。其重要硬件采用冗余技术，操作员站、控制站和通信网络采用双重化等配置方式。其软件采用程序分段、模块化设计和容错技术。DCS 各单元具有强有力的自诊断、自检查、故障报警和隔离等功能。

（7）采用分级递阶结构，兼顾分散性和集中性。DCS 不仅可以进行分散控制，还涵盖地域分散、设备分散、功能分散和危险分散多方面。分散的目的是使危险分散，进而提高系统的可靠性和安全性。DCS 硬件积木化和软件模块化是其分散性的具体体现。

DCS 的集中性是指集中监视、集中操作和集中管理。DCS 通信网络和分布式数据库是集中性的具体体现。DCS 用通信网络把物理分散的设备连接成统一的整体，用分布式数据库实现全系统的信息集成，进而实现信息共享。

总之，DCS 具有分散性和集中性、灵活性和扩展性、先进性和继承性、可靠性和适应性、友好性和新颖性等方面的突出优点，自问世以来发展异常迅速，几经更新换代，技术性能日臻完善，并以技术先进、性能可靠、构成灵活、操作简便、效率高等特点赢得了广大用户的青睐，已被广泛应用于石油、化工、电力、冶金、轻工、建材、交通、国防等领域。

4. DCS 的发展趋势

自从美国霍尼威尔（Honeywell）公司在 1975 年率先推出第一套 DCS（TDC - 2000），随着网络通信技术、计算机硬件技术、嵌入式技术、现场总线技术、组态软件技术、数据库技术、控制技术等的发展，以及用户对先进控制功能与管理功能需求的增加，DCS 历经 4 代发展更新。

随着半导体集成技术、数据存储和压缩技术、网络通信技术、先进控制技术等高新技术的发展，DCS 也进入了新的发展时期。现场总线的应用使 DCS 以全数字化的崭新面貌出现在工业生产过程的广阔舞台上；工厂信息网和 Internet 的应用使 DCS 的集中管理功能有了用武之地，其管控一体化功能使产品的质量和产量提高，成本和能耗下降，从而使经济效益明显增加。DCS 向着两个方向发展：一个方向是大型化的计算机集成制造系统（Computer Integrated Making System，CIMS）以及计算机集成过程系统（Computer Integrated Process System，CIPS），另一个方向则是小型化。

5. DCS 基本组成

DCS 采用标准化、模块化和系列化设计。一个最基本的 DCS 应包括 4 个大的组成部分——至少 1 台控制站，至少 1 台操作员站、1 台工程师站（小型 DCS 的操作员站与工程师站可共用），通信网络，简称"三站一网"。典型的 DCS 组成结构示意如图 1 - 4 所示。

（1）控制站。控制站位于 DCS 的最底层，是 DCS 的核心部分，用于实现各种现场物理信号的输入和处理，以及各种实时控制的运算和输出。在生产过程的闭环控制中，控制站可控制单个、数个，甚至数十个回路。另外，控制站还可以进行顺序、逻辑和批量控制。

（2）操作员站。操作员站运行实时监控程序，对整个系统进行监视和控制，是 DCS 操作员与现场生产过程的接口，实现监视、操作、管理、打印等功能。

（3）工程师站。工程师站主要是技术人员（工程师）与控制站的人机接口。工程师站为 DCS 工程师提供了一个灵活的、功能齐全的工作平台，通过组态软件实现用户所要求的各种控制策略及操作员站的监控界面。小型 DCS 的工程师站可以用一个操作员站代替。

（4）通信网络。通信网络是一种具有高速通信能力的信息总线网络，一般由双绞线、同轴电缆或光导纤维构成。它将控制站、操作站和管理计算机等连成一个完整的系统，以一定的速率在各单元之间传输信息。

（5）管理计算机。管理计算机是 DCS 的主机，它综合监视整个系统中的各单元，管理整个系统中的所有信息，具有进行大型复杂运算的能力以及多输入、多输出控制功能，用于实现 DCS 的最优控制和全厂的优化管理。

6. DCS 的闭环工作机制

DCS 控制原理示意如图 1 - 5 所示，传感器及变送器将现场中的物理量（工程量）转换为标准电信号（4~20 mA 或 0~10 V）送给 PLC 的 A/D 转换器输入端；经 PLC 数据处理后，执行 PLC 中的程序（模拟量闭环控制采用 PID），输出控制量；PLC 的 D/A

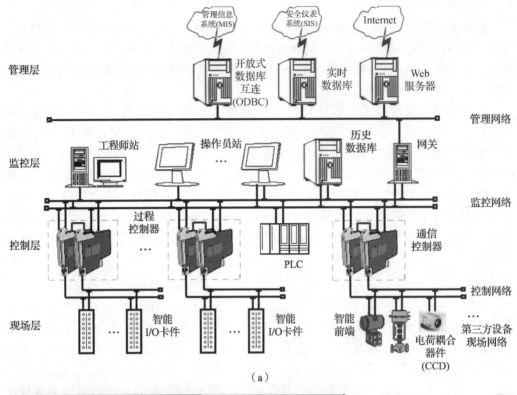

（a）

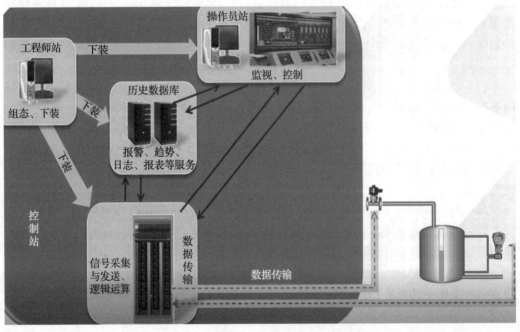

（b）

图 1 - 4　典型的 DCS 组成结构示意

（a）典型的 DCS 布局示意；（b）典型的 DCS 功能示意

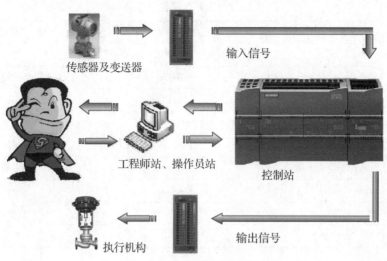

图 1-5　DCS 控制原理示意

转换器输出模拟信号给执行机构，再由执行机构控制被控量的大小，达到控制工艺的要求；工程师站或操作员站与控制站利用通信网络实现信息双向传输及相关应用。为进一步了解 DCS 模块中模拟信号的数据关系，学生可参考 PLC 应用系统中信号数据流（图 1-6）及有关资料自主学习理解。

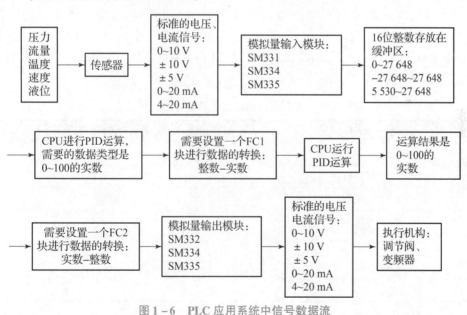

图 1-6　PLC 应用系统中信号数据流

1.2.3　主流 DCS 简介

美国的霍尼韦尔、福克斯波罗（Foxboro）、ABB，日本的横河（Yokogawa），德国的西门子（Siemens）等众多世界知名的电气公司纷纷不断推出各具特色和代表性的各类 DCS 及组态软件。表 1-1 所示为国外常见组态软件。

表 1-1 国外常见组态软件

公司名称	产品名称	国别
Intellution	FIX, iFIX	美国
Wonderware	InTouch	美国
西门子	WinCC	德国
Rock-well	RSView32	美国
National Instruments	Labview	美国
Citech	Citech	澳大利亚
Iconics	Genesis	美国
PC Soft	WizCon	以色列
A-B	controlview	美国

近几年发生的计算机网络攻击事件在社会、经济、安全等方面造成巨大的损失。具有完全自主知识产权的先进组态软件不仅在经济上优势突出，尤其在关乎国计民生的安全等方面具有支撑作用。我国的计算机软件技术从无到有，经过几代科技人的奋斗，取得了丰硕的成果，尤其是组态软件在安全性、功能、先进性、智能性等方面表现优异，市场占有率日益提高。理应树立科技自信，在实践中支持我国软件技术的发展和进步。

目前国产 DCS 的技术水平已接近国外厂家同类 DCS 的水平。北京和利时公司（Hollysys）推出了 MACS-Smartpro 第四代 DCS，浙江中控公司（SUPCON）推出了 Webfield（ECS）系统，上海新华公司推出了 XDPF-400 系统，并占据了相当大的市场份额。国内常见组态软件见表 1-2。

表 1-2 国内常见组态软件

公司名称	产品名称
亚控	组态王
三维科技	力控
昆仑通态	MCGS
华富	ControX
浙江中控	Webfield
宝信	iCentroView
康拓	Control star Easy Control

1.2.4 DCS 工程案例演示

为了对 DCS 有整体的概念性的、直观的认识，首先，利用组态软件自带的工程案例进行展示，如图 1-7（a）、（b）所示；其次，教师基于组态王或 TIA 博途软件实现"电动机正反转监控"项目，如图 1-7（c）所示，既可基于组态软件的纯仿真，也可结合实训平台完成，通过初步示范组态软件应用，指导学生自主完成"电动机正反转监控"项目；最后，播放所搜集的 DCS 工程案例视频和动画，如 DCS 在刨花板生产企业中的应用、DCS 在轧钢企业中的应用、DCS 在蔗糖企业中的应用等视频，还可以通过课程资源库或自主寻找 DCS 工程案例，以加深对 DCS 实用价值的认同。

"电动机正反转监控"项目实施要点如下：①新建工程项目；②设备组态；③变量组态；④程序组态；⑤画面组态；⑥项目调试、运行、验证。图 1-7（c）所示的画面组态主要包括文本域、图库对象，以及图形对象的动画连接工作。

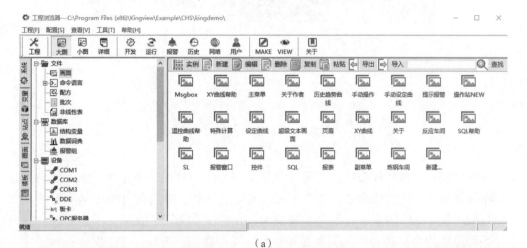

（a）

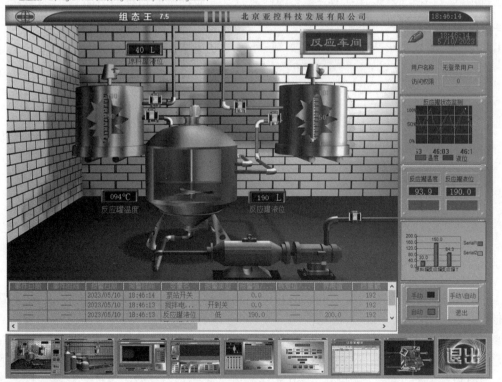

（b）

图 1-7　DCS 工程案例演示示例

（a）组态软件自带的工程案例画面组态界面；（b）组态软件自带的工程案例典型运行界面

启动

停止

正转

反转

正转指示灯

反转指示灯

（c）

图 1-7　工程案例演示示例（续）

（c）电动机正反转监控界面

1.3　DCS安装及实训平台概况

　　DCS 的安装包括硬件和软件安装，本节主要介绍硬件安装和布线。DCS 的硬件安装和布线是相关工作岗位中最为基础和最为重要的工作，掌握硬件的安装和布线的方法和规范不仅是工作的本分，也是系统安全、正常工作的重要保障。不遵守工作规范会导致严重事故，同时表明员工缺乏责任心，工作浮躁。为此，培养工匠精神、主人翁意识和责任担当意识具有十分重要的现实意义。应把工匠精神的严谨、仔细、钻研、规范等态度落实到具体工作中。下面对 DCS 硬件的安装和布线进行简要说明，具体介绍和应用需要进一步参考厂家指导书及产品手册资料。

1.3.1　布线要求

1. 供电系统

　　供电系统应采用专线供电，核实供电线路上是否有强电干扰，线路上不允许有任何大功率设备。为了保证电源平稳，防止短时停电造成停机事故，要提供 UPS 供电。

2. 接地系统

　　控制系统接地的目的是承受过载电流，并迅速将其导入大地；为系统提供屏蔽层，消除对进入或输出 DCS 信号的干扰；保护人员和设备安全。正确接地是 DCS 能正常工作的前提条件之一。

3. 信号电缆铺设

　　机柜底部留有电缆线接入的空间，机柜侧面安装有可活动的汇线槽，为信号电缆准备了足够的空间，可以方便地增加、移动、整理来自现场的电缆。信号电缆要在带盖的电缆槽中铺设，电缆槽道及盖板要保证良好接地（该电缆槽内不应有与信号电缆无关的电线和其他设备）。单根电缆要穿在钢制电缆管中铺设，电缆管要保持良好接地。模拟量信号（输入/输出）、低电平开关信号要使用屏蔽对绞电缆，信号电缆截面面积应大于等于 1 mm²；高电平的开关量输入/输出信号可使用一般双绞电缆。两者最好分开单独走电缆槽。另外，现场电源电缆与信号电缆不能穿在同一保护管内。

4. 网络线

网络线应穿在保护管内单独铺设，中间不要打折，根据控制柜和操作台之间距离设计网络线的长短，不宜过长。

1.3.2 设备安装

操作台应放在背光、便于操作的位置。控制柜四周距墙壁的距离不可小于800 mm，以便于维护。控制柜中卡件安装采取防静电措施。控制柜安装底座时，不可与建筑地、原系统设备接地相连，并且固定要牢靠。现场走线槽与控制柜不可连接，并要做好隔离。系统接地应采取带绝缘层的电缆，地桩及控制柜连接地线时应采取防腐措施。电源电缆、信号电缆接入端子时应连接牢固，不能有虚接、夹皮现象，并且要按图施工，不能接错。

各种模块能以不同方式组合在一起，从而可使 DCS 设计更加灵活，满足不同的应用需求。主要安装步骤说明如下。

1. 安装装配导轨

安装装配导轨时，应留有足够的空间用于安装模块和散热，即模块上、下的空隙至少为40 mm，左、右至少应有20 mm 空间，安装模块所需空间如图1－8所示。在安装表面标记安装孔；用螺丝将装配导轨固定在安装表面上；把保护地连到导轨上。从左边开始，按照电源模块、CPU、信号模块、功能模块、通信模块、接口模块的顺序，将各模块安装在导轨上。表1－3所示为各模块的安装步骤。

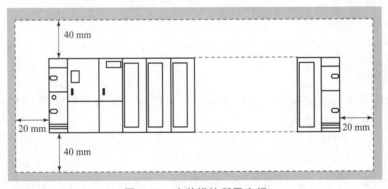

图1－8　安装模块所需空间

表1－3　各模块的安装步骤

步骤	连接方法	图例
1	将总线连接器插入 CPU 和信号模块/功能模块/通信模块/接口模块。每个模块（除了 CPU 以外）都有一个总线连接器。在插入总线连接器时，必须从 CPU 开始；将总线连接器插入前一个模块；最后一个模块不能安装总线连接器	

续表

步骤	连接方法	图例
2	按照模块的规定顺序，将所有模块悬挂在装配导轨①上，将模块滑动靠近左边的模块②，然后向下安装模块③	
3	使用 0.8~1.1 N·m 的扭矩，用螺钉固定所有模块	0.8~1.1 N·m

2. 标识模块

应给每个安装的模块指定一个插槽号，以方便在 TIA 博途软件的组态表中分配模块，将插槽号标签贴到模块上。

1.3.3 DCS 实训平台概况

DCS 实训平台布局示意如图 1-9 所示。DCS 实训平台集 PLC、编程软件、工控组态软件、模拟对象实验板、小型过程控制和运动控制对象等于一体，整个系统既能进行验证性、设计性实验，又能进行综合性实验，还可作为研究开发的实验平台，可满足不同层次的教学实验要求。其主要硬件包括 S7-1200 PLC、S7-1500 PLC、伺服驱动器及电动机、步进驱动器及电动机、变频器、触摸屏。计算机上安装的组态软件有组态王、力控和西门子的 TIA 博途。

DCS 实训平台上电过程如下。设备启动前先确认实训室到设备总电源已通电，合上设备上的电源开关 QF1 及边上的两个空气开关 QF2、QF3，此时，伺服单元、S7-1500 PLC 单元、直流电源单元已通电。合上空气开关 QF4，S7-1200 PLC 单元通电。合上空气开关 QF5，触摸屏通电。合上空气开关 QF6，步进单元通电。合上空气开关 QF7，余下单元通电。

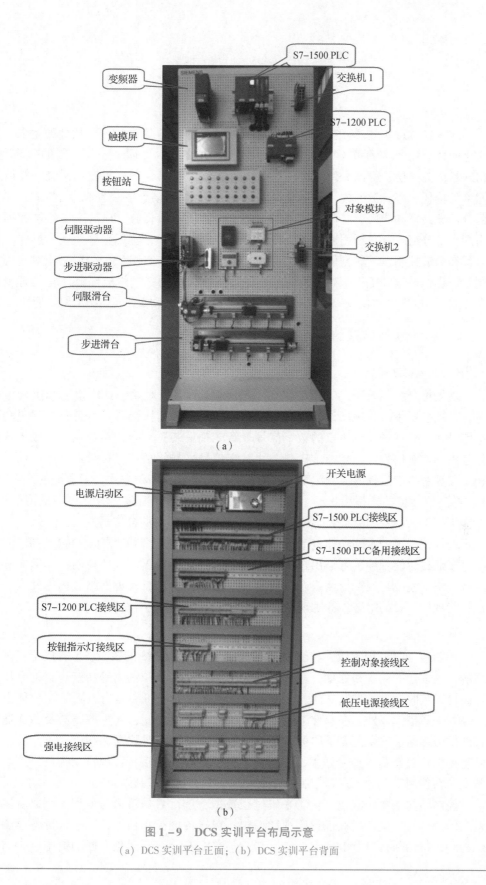

变频器

S7-1500 PLC

交换机 1

触摸屏

S7-1200 PLC

按钮站

对象模块

伺服驱动器

交换机2

步进驱动器

伺服滑台

步进滑台

(a)

开关电源

电源启动区

S7-1500 PLC接线区

S7-1500 PLC备用接线区

S7-1200 PLC接线区

按钮指示灯接线区

控制对象接线区

低压电源接线区

强电接线区

(b)

图1-9 DCS实训平台布局示意

(a) DCS实训平台正面；(b) DCS实训平台背面

1.4 DCS的体系结构和功能模块

DCS 经过近 40 多年的发展，其体系结构不断更新。随着 DCS 开放性的增强，其层次化的体系结构特征更加突出，充分体现了 DCS 集中管理、分散控制的基本思想。DCS 是纵向分层、横向分散、设备分级、网络分层的综合计算机控制系统，并以通信网络为依托，将分散的各种控制设备和数据处理设备连接为一个有机的整体，实现各部分信息共享和协调，共同完成各种控制、管理及决策任务。DCS 由工作站和通信网络两大部分组成，它利用通信网络将各工作站连接起来，实现集中监视、操作、信息管理和分散控制，其典型体系结构如图 1-4 所示。DCS 的分级、分层结构对应称为控制站、操作员站和工程师站。所谓站，是系统结构中的一个组成环节（是物理上的一套独立设备或网络中的一个通信节点），在系统功能中完成某一类特定的处理任务。

1.4.1 硬件体系结构

1. 现场控制级

现场控制级不属于 DCS 范畴，它作为 DCS 的服务对象，具体检测和执行生产工艺。现场控制级通过现场设备（各类传感器、变送器和执行器）将各种物理量转换为电信号或符合现场总线协议的数字信号（智能现场装置）传递给控制站；或者将控制站输出的控制信号（电信号或现场总线数字信号）转换成机械位移或功率带动调节机构，实现对生产过程的控制。现场控制级的信息传递有 3 种方式：①典型的 4~20 mA（或者其他类型的模拟量信号）模拟量传输方式；②现场总线的全数字量传输方式；③在 4~20 mA 模拟量信号上叠加调制后的数字量信号的混合传输方式。

现场控制级的主要功能包括：①采集现场过程数据，对数据进行转换控制和处理；②直接通过智能现场装置输出过程操作命令；③实现真正的分散控制；④形成开放式互联网络，完成与现场控制级及过程管理级的数据通信，实现网络数据库共享，以及对智能现场装置的组态；⑤对现场控制级的设备进行在线监测和诊断。

2. 控制站

控制站（过程控制级）位于 DCS 的底层，是整个 DCS 的核心环节，用于实现各种现场物理信号的输入和处理，实现各种实时控制的运算和输出等功能。其主要特点为可靠性、实时性高，控制功能强。为了保证现场控制的可靠运行，除了在硬件上采取一系列保障措施以外，在软件上也开发了相应的保障功能，如主控制器及 I/O 通道插件的故障诊断、冗余配置下的板级切换、故障恢复、定时数据保存等。DCS 利用控制站与现场仪表装置（如变送器、传感器、执行器等）连接，实现自动控制。控制站通常安装在控制室，分为过程控制站、数据采集站和逻辑控制站。

控制站的主要功能包括：①采集过程数据，进行数据转换与处理，获取所需要的输入信息；②对生产过程进行监视和控制，实施各类控制功能；③进行设备检测和系统的测试与诊断，以及 I/O 卡件自诊断；④实施安全性冗余化方面的措施；⑤与过程管理级进行数据通信。

控制站由功能组件、现场电源、各种端子接线板、机柜及相应机械结构组成，其核心部分是功能组件，类似 PLC 的 CPU 单元和信号模块。控制站的典型结构如图 1-10 所示。功能组件由主控单元、智能 I/O 单元等组成，采用分布式结构设计，扩展性强。其中主控单元是一台特殊设计的专用控制器，运行工程师站所下装的控制程序，实现信号采集、工程单位变换、控制运算，并通过监控网络与工程师站和操作员站进行通信，完成数据交换。智能 I/O 单元完成现场内的数据采集和控制输出；现场总线为主控单元与智能 I/O 单元之间进行数据交换提供通信链路。控制站在应用时，涉及各类技术指标、运行环境和可靠性等基本要求，可结合有关手册了解相关应用。

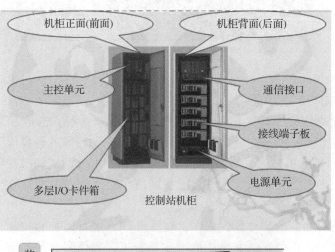

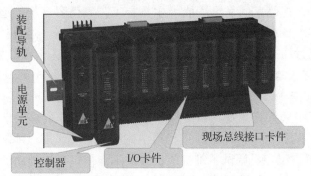

图 1-10　控制站的典型结构

3. 过程管理级

过程管理级分为操作员站、工程师站等工作站，其核心设备是计算机，配置了打印机、硬拷贝机等外部设备，组成人机接口站，其典型配置如图 1-11 所示。过程管理级的主要功能包括：①通过网络获取控制站的实时数据，实现监视管理、故障检测和数据存档；②对各种过程数据进行显示、记录及处理；③实现系统组态及维护操作管理，以及报警、事件的诊断和处理；④生成、打印各种报表以及复制画面；⑤通过网络功能进行工程数据的共享、实时数据的动态交换；⑥提供安全机制，确保 DCS 安

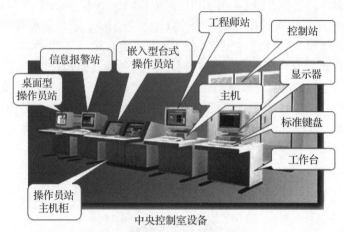

全可靠地运行；⑦实现对生产过程的监督控制、运行优化和性能计算，以及先进控制策略的实施。

图 1−11 过程管理级典型配置

1）操作员站

操作员站是操作员与 DCS 相互交换信息的人机接口设备，也是 DCS 的显示、操作和管理装置。操作员站由高性能 PC 及专用工业键盘、轨迹球或触摸屏等设备和与操作系统及 DCS 相关的人机对话、画面显示等软件组成，用来调试和操控生产过程，并完成控制调节，同时在线检测系统硬件、通信网络和控制站内主控制器及各 I/O 模块的运行情况。

操作员站运行相应的实时监控程序，对整个 DCS 进行监视和控制。操作员站的主要功能包括：各种监视信息的显示功能（主要有工艺流程图显示、趋势显示、参数列表显示、报警监视、日志查询、系统设备监视等），操作功能（通过键盘、鼠标或触摸屏等人机设备，通过命令和参数的修改，实现对 DCS 的人工干预，如在线参数修改、控制调节等），记录、查询、打印等功能。

2）工程师站

工程师站是承担从系统开发到系统保养等工程技术工作的多功能站。工程师站运行相应的组态管理程序，对整个 DCS 进行集中控制和管理。工程师站是为了控制工程师对 DCS 进行配置、组态、调试、维护所设置的工作站。工程师站的另一个作用是对各种设计文件进行归类和管理，形成各种设计、组态文件，如各种图样、表格等。

工程师站的主要功能包括：组态（包括系统硬件设备、数据库、控制算法、流程、图形、报表）、相关系统参数的设置、系统维护、控制站的下装和在线调试、操作员站人机界面的在线修改。在工程师站上运行操作员站实时监控程序后，可以把工程师站作为操作员站使用，实验室及小型企业把工程师站与操作员站合二为一。

4. 经营管理级

全厂自动化系统的最高级，大规模的 DCS 需要此级。经营管理级可以分为实时监控和日常管理两部分，实时监控是全厂各机组和公用辅助工艺系统的运行管理层，承担全厂性能监视、运行优化、负荷分配和日常运行管理等任务；日常管理承担全厂的管理决策、计划管理、行政管理等任务，主要为厂长和各管理部门服务。

1.4.2 软件体系结构

DCS 的软件体系结构按照硬件体系结构进行划分，相应分为控制站软件、操作员站软件和工程师站软件；另外，还有运行于各个站的网络软件，作为各个站上功能软件之间共享数据的通信桥梁。

1. 控制站软件

控制站软件是运行在控制站上的软件，主要包括数据采集和处理、控制算法、运算处理和控制输出等功能模块，利用类似 PLC 过程控制语言（梯形图语言、助词符语言、功能图语言、顺序功能语言、高级编程语言等）组态语言实现应用程序开发。如霍尼威尔公司 HC900 的 Hybrid Control Designer、西门子公司的 TIA 博途、Intellution 公司的 iFIX 都是控制站软件。PLC 类控制站可独立构成应用控制系统，其基本工作过程为：现场仪表→采集→数据处理及上层通信→控制运算→I/O 输出→执行器。

控制站软件最主要的功能是完成对现场的直接控制，主要包括回路控制、逻辑控制、顺序控制和混合控制等多种类型的控制，具体如下。

（1）现场 I/O 驱动。完成过程量的输入/输出，包括对过程输入/输出设备实施驱动，完成具体的输入/输出工作。

（2）对输入的过程量进行预处理。例如：转换工程量、统一计量单位、剔除各种现场设备和过程 I/O 设备引起的干扰和不良数据、对输入数据进行线性化补偿、进行规范化处理等，确保数字值与现场值一致。

（3）实时采集现场数据并存储在控制站内的本地数据库中。数据可作为原始数据参与控制计算，也可通过计算或处理成为中间变量，并在以后参与控制计算。所有本地数据库的数据（包括原始数据和中间变量）均可成为人机界面、报警、报表、历史、趋势及综合分析等监控功能的输入数据。

（4）进行控制计算。控制计算就是根据控制算法和所检测数据、相关参数进行计算处理，得到所需控制量，输出到执行器。

（5）通过现场 I/O 驱动，将控制量输出到现场。为了实现控制站的功能，在控制站中建立与本控制站的物理 I/O 点和控制相关的本地数据库，这个数据库中只保存与本控制站相关的物理 I/O 点及与这些物理 I/O 点相关的经过计算得到的中间变量。本地数据库可以满足本控制站的控制计算和物理 I/O 点对数据的需求，有时除了本地数据外还需要其他节点的数据，这时可从网络上将其他节点的数据传送过来，这种操作称为数据的引用。

2. 操作员站软件

操作员站软件主要为监控软件。所谓监控软件，是运行于操作员站或工程师站上的软件，简单地说，就是利用组态软件所开发的人机界面，用于实现系统监视和控制。操作员站软件主要完成操作员所发出的各个命令的执行、图形与画面的显示、现场数据和状态的监视及异常报警、历史数据的存档和报表处理。其主要功能有：图形处理，操作命令处理，历史和实时数据的趋势曲线显示，报警，事件信息的显示、记录与处理，历史数据的记录与存储、转储及存档，报表、系统运行日志的形成、显示、打印，运行状态的诊断和监视，实时数据库。显示画面分为总貌显示、分组显示、回路显示、趋势显示、流程显示、报警显示和操作指导等画面，可在显示画面上进行各种操作，显示画面可以完全取代常规模拟仪表盘。为了实现上述功能，操作员站软件主要由以下几个部分组成。

（1）图形处理软件。该软件根据由组态软件生成的图形文件进行静态画面（又称为背景画面）的显示和动态数据的显示并按周期进行数据更新。

（2）操作命令处理软件。该软件对键盘操作、鼠标操作、画面热点操作的各种命令方式进行解释与处理。

（3）历史数据和实时数据的趋势曲线显示软件。

（4）报警信息、事件信息的显示、记录与处理软件。

（5）历史数据的记录与存储、转储及存档软件。

（6）报表打印软件。报表打印软件包可以向用户提供每小时、班、日、月工作报表，打印瞬时值、累计值、平均值等。

（7）系统运行日志的形成、显示、打印和存储记录软件。

为了支持上述操作员站软件的功能实现，需要在操作员站上建立一个全局的实时数据库，这个数据库集中了各个控制站所包含的实时数据及由这些实时数据经运算处理所得到的中间变量。这个全局的实时数据库被存储在每个操作员站的内存之中，而且每个操作员站的实时数据库采用完全相同的副本，因此每个操作员站可以完成相同的功能，形成一种可互相替代的冗余结构。当然也可根据运行的需要，通过软件人为地定义各个操作员站完成不同的功能，使其成为一种分工协作的管理平台。

3. 工程师站软件

工程师站主要使用组态软件，由其完成控制站软件和操作员站软件的组态。DCS组态是根据设计要求，预先将硬件设备和各种软件功能模块组织起来，以使 DCS 按特定的状态运行，使其变成针对某个具体应用控制工程的专门控制系统。常用的组态软件有组态王、MCGS、WINCC 等。

工程师站软件从功能上可分为两类。①用于实时监控的组态软件。它不仅能实现操作员站的功能，还能对 DCS 本身运行状态进行诊断和监视，在发现异常时进行报警。②离线的组态软件。是为了将一个通用的、对多个应用控制工程有普遍适应能力的系统变成一个针对某个具体应用控制工程的专门系统，要针对这个具体应用控制工程进行一系列定义，如系统设备的配置、系统处理的现场量、现场量的显示、报表及历史数据的存储、操作员所进行的控制操作、控制操作的具体实现等。

在工程师站上，组态内容主要包括以下方面。

（1）系统硬件配置定义。包括系统中各类站的数量、每个站的通信参数、现场I/O卡件配置、I/O 信号特性配置等内容。

（2）实时数据库定义。包括现场物理 I/O 点的定义（该点对应的关联存储器位置、工程量转换的参数、数字滤波、不良点剔除、死区处理，以及报警和数据记录属性）和中间变量定义。

（3）历史数据库定义。包括要进入历史数据库的实时数据、历史数据存储的周期、各个数据在历史数据库中保存的时间及对历史数据库进行转储的周期等。

（4）历史数据和实时数据的趋势显示、列表及打印输出等定义。

（5）控制算法定义。包括控制目标、控制方法、控制周期的确定及与控制相关的控制变量、控制参数的定义等。

（6）人机界面定义。包括操作功能定义（操作员可以进行哪些操作及如何进行操作）、现场模拟图的显示定义（包括背景画面和实时刷新的动态数据）及各类运行数据的显示定义等。

（7）报警定义。包括报警产生的条件定义、报警方式定义、报警处理定义（如报警信息的保存、报警的确认、报警的清除等操作）及报警列表的种类与尺寸定义等。

（8）系统运行日志定义。包括各种现场事件的认定、记录方式及各种操作的记录等。

（9）报表定义。包括报表的种类、数量、格式、数据来源的定义及报表中各个数据项的运算处理定义等。

（10）事件顺序记录和事故追忆等特殊报告的定义。

4. 各种专用功能的节点及其相应的软件

随着 DCS 功能的不断加强，越来越多的监控内容被纳入 DCS，DCS 的规模不断扩大，如在当前火力发电站单元机组中，200 MW 机组的 DCS 大约有 4 000 个物理 I/O 点，300 MW 机组的 DCS 大约有 6 000 个物理 I/O 点，而 600 MW 机组的 DCS 大约有 8 000 个物理 I/O 点。对于如此大规模的系统，如果将控制站承担直接控制以外的几乎所有功能集中在操作员站上，则每个操作员站都需要一份全局数据库的实时副本以支持这些功能的实现，这样不仅操作员站的硬件环境无法满足需求，而且操作员站的功能也无法有效实施。例如，操作员站的主要图形显示功能，需要随时根据操作员的操作调出相应的显示画面，具有相当大的随机性，一旦发生请求，就需要立即响应，而且图形处理需要极大的处理器资源，导致许多需要周期执行的任务受到干扰而不能正常完成其功能，如历史数据存储、报表处理及日志处理等，进而导致 CPU 严重超负荷运行，造成操作员站不能稳定工作。

为了有效地解决上述问题，在新一代大规模的 DCS 中，针对不同功能设置了多个专用的功能节点，如为了解决大数据量的全局数据库的实时数据处理、存储和数据请求服务，设置了服务器；为了处理大量的报表和历史数据，设置了专门的历史站；采用服务器结构，有效地分散了各工作站处理的负荷，使各种功能能够顺利实现，等等。为此，每种专用的功能节点上都要运行相应的功能软件，而所有这些节点也同样使用网络通信软件实现与其他节点的信息沟通和运行协调。

1.4.3 组态软件常识

组态软件在实现工业控制的过程中免去了大量烦琐的编程工作，解决了长期以来控制工程人员缺乏计算机专业知识与计算机专业人员缺乏控制工程现场操作技术和经验的矛盾，极大地提高了自动化工程的工作效率。组态软件大都支持各种主流工控设备和标准通信协议，并且通常提供分布式数据管理和网络功能，还能使用户快速建立自己的 HMI 软件工具或开发环境。

1. 特点

组态软件是数据采集与过程控制的专用软件，是自动控制系统监控层一级的软件平台和开发环境，能以灵活多样的组态方式（而不是编程方式）提供良好的用户开发界面，可向控制层和管理层提供软、硬件的全部接口，进行系统集成。常用国内外组态软件有组态王、力控、MCGS、iFIX、WINCC、TIA博途等。组态软件的发展趋势体现为集成化与定制化，纵向的功能向上与向下延伸，横向的监控、管理范围及应用领域扩大。组态软件具有如下主要特点。

（1）概念简单，易于理解和使用。普通工程人员经过短时间的培训就能正确掌握、快速完成多种简单工程项目的监控程序设计和运行操作。

（2）功能齐全，便于方案设计。组态软件为解决工程监控问题提供了丰富多样的方法，从设备驱动到数据处理、报警处理、流程控制、动画显示、报表输出、曲线显示、安全管理等各个环节，均有丰富的功能组件和常用图形库可供选用。

（3）可进行实时性与并行处理。组态软件充分利用了Windows操作平台的多任务、按优先级分时操作的功能，使PC广泛应用于工程测控领域的设想成为可能。

（4）可建立实时数据库，便于用户分步组态，保证系统安全可靠运行。在组态软件中，"实时数据库"是整个系统的核心。实时数据库是一个数据处理中心，是系统各个部分及其各种功能性构件的公用数据区。

（5）采用"面向窗口"的设计方法。组态软件具有较好的可视性和可操作性，以窗口为单位，构造用户运行系统的图形界面，使组态工作既简单直观，又灵活多变。

（6）具有丰富的"动画组态"功能。组态软件可快速构造各种复杂生动的动态画面，通过大小变化、颜色改变、明暗闪烁、移动翻转等多种手段来增强画面的动态显示效果。

（7）引入"脚本及命令语言"的概念。组态软件具有完备的词法语法查错功能和丰富的运算符、数学函数、字符串函数、控件函数、SQL函数和系统函数等，可自由、精确地控制运行流程，按照设定的条件和顺序操作外部设备，控制窗口的打开或关闭，与实时数据库进行数据交换。

（8）具有良好的开放性。组态软件支持通过OPC、DDE等标准传输机制和其他监控软件或其他应用程序（如VB程序、VC程序等）进行本机或者网络上的数据交互。

2. 基本应用步骤

（1）将所有I/O点的参数整理齐全，并以表格的形式保存，以便在组态软件组态和实现控制工艺编程时使用。明确所使用的I/O设备的生产商、种类、型号，使用的通信接口类型，采用的通信协议，以便在定义控制站及设备时进行正确配置。

（2）创建新工程。为工程创建一个目录用来存放与工程相关的文件。

（3）定义硬件设备并添加工程变量，添加工程中需要的硬件设备和工程中使用的变量，包括内存变量和I/O变量。

（4）根据工艺过程绘制、设计画面结构和画面框架。制作图形画面并定义动画/数据连接，按照实际工程的要求绘制监控画面并使静态画面随着过程控制对象产生动态效果。

（5）编写命令语言，通过编写脚本程序在上位机中完成较复杂的操作控制。

（6）根据控制工艺的需要，对控制站软件实现组态编程。

（7）根据实际需要，对系统进行配置，对运行系统、报警、历史数据记录、网络、用户等进行设置。

（8）保存工程并运行、调试、验证。

完成以上步骤后，工程开发基本完成。

3. 组态王概况

组态王是由北京亚控自动化软件有限公司开发的（以下简称"亚控公司"），具有适应性强、集成能力强、开放性好、易于扩展、经济、开发周期短等优点的通用组态软件。应用组态王软件可以使工程师把精力放在控制对象上，而不是放在形形色色的通信协议、复杂的图形处理、枯燥的数字统计上。只需要进行填表操作，即可生成适合用户的监控和数据采集系统。组态王软件可以在整个生产企业内部将各种系统和应用集成在一起，实现"厂际自动化"的最终目标。组态王软件版本说明如下。

（1）开发版。开发版有 64 点、128 点、256 点、512 点、1 024 点和不限点共 6 种规格。所谓点，指允许用户定义的变量个数，它决定了系统应用规模。开发版内置编程语言，支持网络功能，内置高速历史库，支持在线运行 8 h。

（2）运行版。运行版有 64 点、128 点、256 点、512 点、1 024 点和不限点共 6 种规格；支持网络功能，可选用通信驱动程序。

（3）NetView。NetView 有 512 点和不限点 2 种规格；支持网络功能，不可选用通信驱动程序。

（4）For Internet 应用。For Internet 应用有 5 用户、10 用户、20 用户、50 用户和无限用户共 5 种规格，针对网络工作站；在普通版本的基础上增加了 Internet 远程浏览功能。

（5）演示版。演示版支持 64 点，内置编程语言，可在线运行 2 h，可选用通信驱动程序。

（6）Web 全新版。随着 Internet 科技日益渗透到生活、生产的各个领域，传统自动化软件的网络化趋势已成为整合 IT 与工业自动化的关键。组态王软件提供了 Web 全新版，Web 全新版基于 ActiveX 技术，采用 B/S 结构，客户可以随时随地通过 Internet/Intranet 实现远程监控。客户端具有强大的自主功能，Internet/Intranet 网络上的任何一台 PC 都可以通过 IE 浏览器浏览工业现场的实时画面，监控各种工业数据，实现了客户信息服务的动态性、实时性和交互性。

组态王软件是根据实时数据库的点数收费的，其工程组态需要软件狗，否则只能打开 64 点以内的工程；同时，运行时也需要软件狗，否则运行 2 h 即退出。一般实验室的计算机安装演示版，可升级为不限点版本。组态王软件目前的较新版本为 7.55，所有版本都可以运行在 Windows 系统中。

有关组态王软件的安装说明如下。

运行安装文件"Install. exe"，弹出安装画面，在安装向导中，单击"安装组态王程序"按钮，将会自动安装组态王软件。首先弹出"欢迎"对话框，单击"下一个"

按钮，弹出"软件许可证协议"对话框。单击"是"按钮将继续安装，弹出"用户信息"对话框，输入"姓名"和"公司"，单击"下一个"按钮，弹出"确认用户信息"对话框。确认用户注册信息后，弹出"选择目标位置"对话框，选择程序的安装路径。只有安装组态王驱动程序，作为操作员站的组态王软件才能与作为控制站的 I/O 设备实现通信。驱动程序安装结束后，将出现设置完成的对话框。根据实际情况安装硬件加密锁（没有经过授权，也可进入受限的开发和运行系统）和系统补丁。组态王软件安装结束后，只有重新启动计算机，组态王软件才能正常使用。另外，组态王软件的卸载、版本升级及重装的过程比较烦琐，可参考亚控公司相关说明。

4. TIA 博途概况

TIA 博途软件历经几个版本，目前主流版本为 V16。TIA 博途是西门子打造的全集成自动化编程软件，多用于 PLC 编程与可视化监控开发，完美支持 Windows 10 操作系统，增强了对 S7 - 1200 PLC、S7 - 1500 PLC、S7 - 300/400 PLC 和西门子驱动器的支持。STEP 7（TIA 博途）工程组态软件用于组态西门子 S7 - 1200 PLC、S7 - 1500 PLC、S7 - 300/400 PLC 和各种软件控制器（WinAC）。WinCC（TIA 博途）是使用 WinCC Runtime Advanced 或 SCADA 系统 WinCC Runtime Professional 可视化软件组态西门子面板、西门子工业 PC 以及标准 PC 的工程组态软件。

TIA 博途软件具有强大的仿真功能，便于离线学习。TIA 博途软件对计算机的配置要求高，并且安装比较烦琐。TIA 博途软件可视化版本有 WinCC Basic、WinCC Comfort、WinCC Advanced 和 WinCC Professional。它们的区别在于所组态的设备和对象资源不同。

1.4.4 通信网络

1. 概况

DCS 的通信网络实质就是计算机网络。利用通信网络将各工作站连接起来，并配置网络软件，实现集中监控、操作、信息管理、分散控制和数据通信等功能。数据通信的根本任务是以可靠高效的手段传输信号，其涉及的内容包括信号传输、传输介质、信号编码、接口、数据链路控制以及复用；其涉及的专业术语包括数据信息、传输速率、传输方式、数据交换、网络控制、差错控制等。

通信网络主要包括数据通信、网络连接以及通信协议三个方面的内容。数据通信是计算机或其他数字装置与通信介质结合，实现数据信息的传输、转换、存储和处理的通信技术。网络连接是用于连接各种通信设备的技术及其体系结构。通信协议就是网络之间进行沟通、交流所共同遵守的规则。

通信网络是 DCS 的主干，决定着 DCS 的基本特性。通信网络引入局部网络技术后，促进了 DCS 的进一步发展，增强了全系统的功能。在 DCS 中，各单元之间的数据信息传输就是通过通信网络完成的，它为实现工业控制提供数据平台。DCS 的通信网络与一般的网络有所不同，其具有快速的实时响应能力和极高的可靠性，适应恶劣环境并采用分层结构。

2. 通信协议

连接到网络上的设备是各种各样的，需要建立一系列有关信息传递的控制、管理、转换的机制和方法，并需要各设备遵守彼此公认的一些规则。所谓通信协议，就是网络之间进行沟通、交流所共同遵循的规则，只有采用相同通信协议的设备才能进行信息的沟通与交流。通信协议主要是对信息传输速率、传输代码、代码结构、传输控制步骤、出错控制等做出规定并制定标准，通信协议的关键要素为语法、语义和时序。常用的通信协议有 RS－232、RS－485、HDLC（高级数据链路控制规程）、MODBUS、SNMP（简单网络管理协议）、点到点协议（Poin to Point Protocol，PPI）、MPI、现场总线、TCP/IP（传输控制协议/Internet 协议）等。

3. 网络结构

DCS 设备按照功能可以分为 4 级：现场控制级、过程控制级（控制站）、过程管理级（操作员站/工程师站）、经营管理级。DCS 的通信子网也采用分层结构，与之对应的 4 层网络分别为现场网络（Fnet）、控制网络（Cnet）、监控网络（Snet）、管理网络（Mnet）。下面对后 3 种网络简要说明。

（1）控制网络。控制层的通信网络称为控制网络，控制网络采用工业现场总线与自动化系统的各个 I/O 模块及智能设备连接通信。

（2）监控网络。监控网络用于实现工程师站、操作员站和系统服务器与控制站之间数据、资源的互连、共享及打印等；采用 TCP/IP，为冗余高速以太网链路，使用五类屏蔽双绞线及光纤将各个通信节点连接到中心交换机上。

（3）管理网络。管理网络实现工程师站、操作员站、主机与系统服务器的互连，采用 TCP/IP，为冗余高速以太网链路，使用五类屏蔽双绞线及光纤将各个通信节点连接到中心交换机上。

为了把 DCS 中的各个组成部分连接在一起，常常需要把通信网络的功能分成若干个层次实现，每一个层次就是一个通信子网，通信子网所包含的特征如下：通信子网具有自己的地址结构；通信子网连接时可以采用自己的专用通信协议；一个通信子网可以通过接口与其他网络相连，使不同网络上的设备相互通信。

4. 现场总线

根据国际电工委员会（International Electrotechnial Commission，IEC）和现场总线基金会（Fields Foundation，FF）的定义，现场总线是应用在生产现场，在微机化测量控制设备之间实现双向串行数据通信的系统，即连接现场智能设备和自动化控制设备的双向、串行、数字式、多节点的通信网络，被称为现场底层设备控制网络。

现场总线可以支持各种工业领域的信息处理、监视和控制系统，可以与工厂自动化控制设备互连，实现现场传感器、执行器和本地控制器之间的低级通信。由于现场总线遵循国际标准通信协议，所以它具有开放、互连、兼容和互操作的特性，它使 DCS 的功能更加强大。现场总线技术导致了传统控制系统结构的变革，形成了新型的网络集成式全分布控制系统——现场总线控制系统（FCS），它被视为第五代 DCS。

1.5 DCS工程设计和运行维护

1.5.1 工程设计常识

1. 工程设计基本步骤

下面介绍施工图设计的基本程序。

（1）施工图设计前的调研。主要包括：初步设计阶段发现的技术问题、DCS定型后发现的技术问题、经试验后尚未解决的技术问题。

（2）施工图开工报告。主要包括：设计依据、自动化水平确定、控制方案确定、仪表选型、控制室要求、动力供应、带控制点工艺流程图及有关材料选型等。

（3）设计联络。主要包括：设计的界面、DCS硬件/软件环境对设计的要求、DCS定型后遗留的技术问题、对DCS外部设备的要求。

（4）工程技术文件。主要包括：DCS设计文件目录、DCS技术规格书、DCS询价的基础文件、DCS-I/O表、连锁系统逻辑图、仪表回路图、DCS监控数据表、DCS配置图、控制室布置图、端子柜布置图、工艺流程显示图、DCS操作组分配表、DCS趋势组分配表、DCS生产报表、控制室电缆布置图、仪表接地系统图、操作说明书、控制功能图、通信网络设备规格表。

（5）设计文件的审校和会签、设计交底、施工、试车、验收和交工、技术总结和设计回访。

2. 工程设计常用符号

工程设计常用符号包括用于信息处理的功能块描述符号，用于仪表、分散控制、共用显示/控制、计算机系统和PLC的设计符号；用于过程显示的图形符号和文字符号。

1）功能块描述符号

系统功能图的形式有水平图和垂直图两种。水平图：被测量的量画在左边，流程从左到右。垂直图：被测量的量画在上面，流程从上而下。功能块描述符号见表1-4。凡是辅助功能，如手动操作、设定值等都要和主信号垂直，画图时可不考虑。

表1-4 功能块描述符号

功能块描述符号	功能说明
◯	圆形框表示测量和信号读出功能
▭	矩形框表示自动信号处理功能

功能块描述符号	功能说明
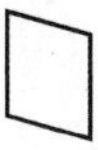	正菱形表示手动信号处理功能
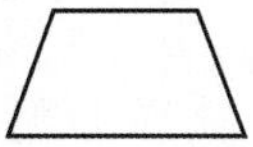	等腰梯形表示最终控制装置，如执行机构等

2）设计符号

在工程设计中，仪表的图形符号是一个圆圈。在同一套带控制点的工艺流程图中，应采用同一尺寸的仪表图形符号。以共用功能为特点的分散控制/共用显示类型的仪表用方框符号表示。计算机图形符号是一个正六边形，适用于含有确认为"计算机"部件的系统，能激励 DCS 的各种功能。逻辑和顺序控制的通用图形符号是一个正菱形，用于没有明确规定的、复杂的、互连的逻辑和控制系统。设计符号见表 1-5。

表 1-5　设计符号

类别	安装在主操作台上，正常情况下操作员可以监控	现场就地安装，正常情况下操作员不能监控	安装在辅助设备上，正常情况下操作员可以监控
仪表	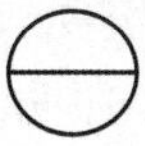	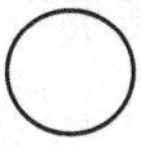	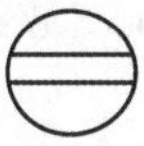
分散控制 共用显示 共用控制			
计算机	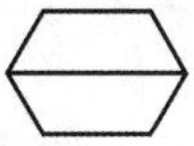	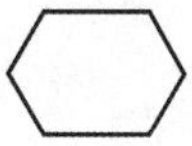	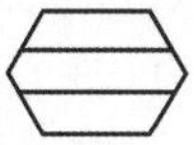
PLC	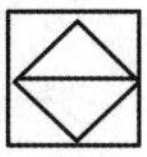		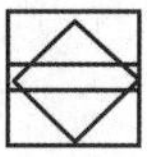

3）图形符号和文字符号

图形符号和文字符号用于显示屏上的过程显示，也用于其他可视媒体。其优点如下：减少操作员的误操作；缩短操作员的培训时间；使控制系统设计人员的设计意图能较好地被系统用户所接受。

4）现场总线设备接线图

在现场总线控制系统中，现场总线设备的接线与一般电动仪表的接线类似，但现场总线设备具有通信功能，因此对接地和屏蔽接线等有强制性规定，应根据现场总线的安装和接线规定绘制有关接线图。

3. 工程设计中的若干问题

1）过程画面的设计

在设计过程画面时应遵循对工艺流程图进行合理分页、对报警点进行合理选择、对仪表面板进行合理配置等设计的原则，适应 DCS 的特点，采用分层次、分等级的方法设计过程画面。过程流程图的设计内容包括过程流程图的分割、过程流程图的图形符号及颜色的配置等。

2）过程流程图的显示

数据显示的位置尽可能靠近被检测的部位。显示方式有数据显示、文字显示和图形显示 3 种。显示内容的大小和位置应合理分配。还应考虑数据的更新速度和显示精度以及其他画面上数据显示的设计。

3）信号报警和连锁控制系统的确定

首先，确定报警事件及其产生来源；其次，依据信号报警系统设计原则，选用报警属性；再次，对连锁控制系统进行设计，识别事故、危险情况，尽量在危及人身安全或危害设备前能够消除或阻止事故发生，或采取措施以防事故进一步扩张。

4）控制室和计算机房的设计

主要如下。①位置选择。控制室和计算机房的位置应接近现场，以便于操作；控制室和计算机房不宜设置在工厂主要交通干道旁；考虑控制室和计算机房的朝向。②布局。控制室和计算机房的布局应有利于达到最高工作效率和系统利用率，经常使用的操作设备应靠近 DCS 操作员站；其他操作设备应在操作员能视及的地方；设计合适的维护通道；设备安装宜采用活动方式。③建筑要求。控制室和计算机房的造型应美观大方、经济实用。④采光和照明。应采用人工照明。

5）DCS 的供电设计

DCS 宜采用三相不间断电源供电；在总电源和各分电源供电点之间宜采用截面面积为 16 mm² 或 25 mm² 的粗电缆，应注意用电设备和系统的最小允许瞬时扰动的影响；各机柜的直流电源容量应按满载时考虑；要考虑设置灵敏的过流、过压保护装置。

6）抗干扰设计

干扰信号的来源包括：传导、静电、电磁、信号线耦合、接地不妥和连接电势等。常用抗干扰措施有：屏蔽、滤波、接地、合理布线及合理选择电缆等。DCS 的接地要求：直流电阻 <1 Ω，安全保护地电阻和交流工作电阻 ≤4 Ω，防雷保护地电阻 ≤10 Ω。

4. 工程设计的一般步骤

DCS 是综合性很强的控制系统，它采用诸多复杂的计算机技术、通信技术、电子与电气技术以及控制系统技术。DCS 所控制的往往是大范围的对象，涉及各种类型的控制、监视和保护功能。DCS 在应用过程中有各种技术人员和管理人员参与。通常把工程设计分成以下 3 个阶段：总体设计、初步设计、详细设计。

1）总体设计

在工程设计的开始阶段，要对 DCS 应完成的基本任务进行设计，这实际上是对DCS 的功能提出要求，这些功能通常由用户提出。在进行总体设计的过程中要经常权衡性能与价格两方面的因素，设计的级别越高，需要权衡的问题就越多。总体设计决定了 DCS 的经济性能。

2）初步设计

初步设计是介于总体设计与详细设计之间的设计阶段，其基本任务是在总体设计的基础上，为 DCS 的每一个部分进行典型的设计，为 DCS 所控制的每一个工艺环节提出基本的控制方案。初步设计的主要内容如下：硬件初步设计，满足已基本确定的工程对 DCS 的要求，及 DCS 对相关接口的要求，即确定 I/O 点和 DCS 硬件；软件初步设计，其结果应使工程师可以在此基础上设计组态图；人机接口设计，其决定了后续工程设计的风格。

3）详细设计

详细设计是初步设计在 DCS 上的具体实现。详细设计的特点如下：①详细设计针对 DCS，而不是工艺过程；②详细设计与初步设计相互联系；③详细设计从 DCS 设备出发；④DCS 详细设计的结果有两个，一是设计的组态结果，二是对设计的说明，而后者往往容易被忽视。

1.5.2　DCS 的设计

在具体应用 DCS 时，必须对 DCS 进行适应性的设计和开发，这种设计和开发是与被控对象密切相关的。任何一套 DCS，不论其设计如何先进，性能如何优越，如果没有进行很好的工程设计和应用开发，都不可能达到理想的控制效果，甚至会出现这样或那样的问题或故障。具体来说，一个完整 DCS 的设计可分为方案论证、方案设计、工程设计 3 个阶段。

1. 方案论证

方案论证即对项目进行可行性研究设计，其主要任务是明确具体项目的规模、成立条件和可行性；确定项目的主要工艺、主要设备和具体投资数额。对于 DCS 的建设，方案论证是必须进行的第一步工作，涉及经济发展、投资、效益、环境、技术路线等方面的问题。

2. 方案设计

1）DCS 的基本任务分析

DCS 的基本任务分析包括确定 DCS 的控制范围、DCS 的控制深度和 DCS 的控制方式，分别说明如下。

（1）DCS 的控制范围。DCS 是通过对各主要设备的控制来控制工艺过程的。设备的形式、作用、复杂程度，决定了该设备是否适合用 DCS 控制。在全厂的设备中，哪些由 DCS 控制，哪些不由 DCS 控制，要在总体设计中提出要求。考虑的原则有很多方面，如资金、人员、重要性等。从控制上讲，以下设备宜采用 DCS 控制：工作规律性强的设备、重复性大的设备、在主生产线上的设备、属于机组工艺系统中的设备。DCS 通过对这些设备的控制实现对工艺过程的总体控制。除此以外，工艺线上的很多独立的阀门、电动机等设备也往往是 DCS 的控制对象。

（2）DCS 的控制深度。DCS 有时可以控制某些设备的启/停和运行过程中的调节，但不能控制一些间歇性的辅助操作。而对有的设备，DCS 只能监视其运行状态，不能控制，这些就是 DCS 的控制深度问题。DCS 的控制深度越大，就要求设备的机械与电气化程度越高，从而设备的造价越高。在总体设计中，要决定 DCS 控制与监视的深度，以使后续设计是可实现的。

（3）DCS 的控制方式。指定运行 DCS 的方式，要确定以下内容：人机接口的数量，应根据工艺过程的复杂程度和自动化水平决定；辅助设备的数量，包括工程师站、打印机等；DCS 的分散程度，对今后 DCS 的选择有重要的意义。

2）硬件设计

硬件设计的结果应可以基本确定工程对 DCS 硬件的要求及 DCS 对相关接口的要求，主要是对现场接口和通信接口的要求。主要内容如下。

（1）确定系统 I/O 点，根据控制范围及控制对象决定 I/O 点的数量、类型和分布。

（2）确定 DCS 硬件，主要是指 DCS 对外部接口的硬件，根据 I/O 点的要求确定 DCS 的 I/O 卡；根据控制任务确定 DCS 控制器的数量与等级；根据工艺过程的分布确定 DCS 控制柜的数量与分布，同时确定 DCS 的网络系统；根据运行方式的要求，确定人机接口设备、工程师站及辅助设备；根据与其他设备的接口要求，确定 DCS 与其他设备的通信接口的数量与形式。

3）软件设计

软件设计的结果使工程师将来可以在此基础上编写用户控制程序，主要工作如下。

（1）根据顺序控制要求设计逻辑框图或写出控制说明，用于组态的指导。

（2）根据调节系统要求设计调节系统框图，它描述的是控制回路的调节量、被调量、扰动量、连锁原则等信息。

（3）根据工艺要求提出连锁保护的要求。

（4）针对应控制的设备，提出控制要求，如启、停、开、关的条件与注意事项。

（5）进行典型的组态用于说明通用功能的实现方式，如单回路调节、多选一的选择逻辑、设备驱动控制、顺序控制等，这些逻辑与方案规定了今后详细设计的基本模式。

（6）规定报警、归档等方面的要求。

4）人机接口的设计

人机接口的初步设计规定了后续设计的风格，良好的初步设计能保持后续详细设计的一致性，初步设计内容与 DCS 的人机接口形式有关，一些最基本的内容如下。

（1）确定画面的类型与结构。画面包括工艺流程画面、过程控制画面、系统监控画面等，结构是指它们的范围和它们之间的调用关系，确定针对每个功能需要多少幅画面、用什么类型的画面完成控制与监视任务。

（2）进行画面形式的约定。约定画面的颜色、字体、布局等方面的内容。

（3）规定报警、记录、归档、报表等功能的设计原则，定义典型的设计方法。

（4）进行人机接口其他功能的初步设计。

3. 工程设计

DCS 的方案设计完成后，有关自动化系统的基本原则随之确定，但针对 DCS 还需要进行工程化设计（或称为 DCS 的详细设计），才能使 DCS 与被控过程融为一体，实现自动化系统设计的目标。DCS 的工程化设计过程，实际上就是落实方案设计的过程。如果在方案设计阶段以及之前的各个设计阶段，其主要执行者是设计院，那么 DCS 工程化设计的主要执行者是 DCS 工程的承包商和用户，用户在 DCS 的工程化设计过程中扮演着重要的角色。

DCS 的方案设计和 DCS 的工程化设计这两部分的工作是紧密结合在一起的，而设计院和 DCS 工程的承包商、用户也将在这个阶段产生密切的工作联系和接口。因此，工程设计阶段是 DCS 设计成败的关键，必须给予高度的重视。

1）DCS 工程设计与实施步骤

一个 DCS 项目从开始到结束可以分成招标前准备、选型与合同、系统工程化设计与生成、现场安装与调试、运行与维护 5 个阶段，为了对 DCS 工程设计和实施步骤有一个清晰认识，下面给出一个 DCS 项目实施步骤及每一步骤所完成文件的清单，列出每一阶段要完成的工作。

（1）招标前的准备阶段要完成的工作（用户/设计院）：确定项目人员、确定系统所用的设计方法、制定《技术规范书》、编制《招标书》、招标。

（2）选型与合同阶段要完成的工作（用户/设计院）：应用评标原则分析各厂家的《投标书》、厂家书面澄清疑点、确定中标厂家、与厂家进行商务及技术谈判、签订《合同书》与《技术协议》。

（3）系统工程设计与生成阶段要完成的工作：①举行工程设计联络会，确定项目进度及交换技术资料，提供设计依据和要求，形成《系统设计》《系统出厂测试与验收大纲》《用户培训计划》；②用户培训；③系统硬件装配和应用软件组态；④软件下装、联调与考机；⑤出厂测试与检验；⑥系统包装、发货与运输。

（4）现场安装与调试阶段要完成的工作：①开箱验货和检查；②设备就位、安装；③现场接线；④现场加电、调试；⑤现场考机；⑥现场测试与验收；⑦整理各种有关的技术文档；⑧现场操作员上岗培训。

（5）维护与运行阶段要完成的工作：①正常运行的周期性检查；②故障维修；③装置大修检修；④改进升级。

2）DCS 厂家和用户方协作完成工程设计

从下面 4 个方面进行介绍。

（1）准备工作。DCS 厂家在合同谈判结束后需要指定项目经理，成立项目组。项目组整理合同谈判纪要。项目经理对项目实施的全过程负责。合同签订之后，项目经理以及项目组成员要仔细地分析合同和技术协议的每一条款，并认真地领会合同谈判纪要的内容。同时，应该了解整个项目的背景及谈判经过，考虑并确定每一条款的具体执行方法，对有开发内容的条款更应给予足够的重视，计算出工时并落实开发人员。项目组还要拟定项目管理计划，包括：①工程设计联络会的具体时间，每次工程设计联络会准备落实和解决的问题；②相关各方的资料交接时间；③项目实施的具体工期计划（包括设计、组态、检验、出厂、安装、调试及验收等阶段）；④项目相关各单位人员的具体分工和责任；⑤用户培训计划（时间、地点、培训内容等）；⑥应用工程软件组态计划；⑦硬件说明书提交时间等。

合同签订后，乙方（DCS 厂家）最急需的就是用户的测点清单，这是硬件配置的基础。用户方应尽快准备以下资料：①系统工艺流程框图及其说明（DCS 为控制工艺流程服务，DCS 设计者必须对工艺有大致的了解）；②系统控制功能要求、主要的控制内容（列出主要的控制回路，说明采取的主要控制策略，详细列出各回路框图，并附以说明）；③《控制及采集测点清单》。

（2）工程设计联络会。上述准备工作完成之后，就可以进行第一次工程设计联络会。地点尽可能安排在 DCS 供货厂家。用户方的项目人员可以亲眼看一下所用的 DCS 硬件结构和软件组态方法和内容。这对工程设计联络会的顺利完成有着十分重要的意义。对于大型 DCS 项目，由于其工期较长，工程较复杂，往往要开 2~3 次工程设计联络会。工程设计联络会要完成以下工作。

①DCS 厂家项目组的人员向用户方项目组的人员详细介绍所采用 DCS 的结构、硬件配置、应用软件组态及其他软件内容，对实际系统进行参观和操作演示，使用户基本了解该 DCS。

②用户根据合同的要求，将该系统的工艺流程、控制要求及其他要求详细介绍，使 DCS 厂家项目组的人员对控制对象有较深入的认识。

③确认《控制及采集测点清单》，并将其按控制功能和地理位置的要求分配到各控制站。

④确认控制方案及控制框图。根据合同及技术协议的要求，双方仔细审核各个控制回路（包括顺序控制逻辑回路）的结构、算法及执行周期的要求，结合测点清单，将各回路分配到相应的控制站，审核每个 I/O 点的计算负荷。

⑤确认流程显示及操作画面要求。

⑥确认各种报表要求，包括报表的种类、数量及打印方式（定时、随机），每张报表的格式和内容。

⑦确认其他控制或通信功能，如果系统还涉及其他功能开发，如先进控制、与管理系统实现数据交换等，也需要在工程设计联络会上进行初步方案确认并签字。

⑧确认项目管理流程。

（3）工程设计联络会后形成的一致性文件。第一次工程设计联络会后，便开始进行项目的具体设计工作。每一步工作进展之前，要先完成相应的文件设计工作，文件由双方签字确认之后，转到下一道工序进行。首要完成的设计文件主要包括 3 个方面的技术文件。

①概述。概述简要地说明此项目的背景情况、工作内容、工程目标。

②《系统数据库测点清单》。在用户/设计院提供的《控制及采集测点清单》的基础上，通过在工程设计联络会与用户方项目组认真地分析控制回路分配、负荷分配后，确定各控制及采集测点在各控制站的分配并将其分配到各模块/板和通道，由此，也就从根本上确定了各控制站的物理结构。

③《系统硬件配置说明书》。《系统硬件配置说明书》设计包括下面几项内容。

a. 系统配置图。在此部分详细地画出 DCS 的结构框图和状态图，详细描述系统的基本结构，说明系统主要设备的布置方式和连接方式。

b. 各站详细配置表。包括工程师站、操作员站、网关及服务器等的配置表。

c. 工期要求。要求明确标明项目的工期计划，特别是硬件成套完成日期。

d. 《系统控制方案》。通过工程设计联络会以及用户/设计院提供的设计图纸，DCS 厂家的技术人员进行《系统控制方案》的详细设计，生成《系统控制方案说明》，作为软件组态的依据和系统方案调试的依据。

e. 《操作盘/台、机柜平面布置图》。根据 DCS 的各部件尺寸及用户操作车间及控制室的要求，画出系统各部分的平面布置图，以供用户方设计人员进行具体机房设计。《操作盘/台、机柜平面布置图》要标明各站具体和详细的安装尺寸（单机安装和机柜）及标有尺寸的主体投影图，以及各站主要设备的质量。

f. DCS 环境要求。明确标明 DCS 的各项环境指标：《电源要求及分配图》——详细列出各站及整个系统的电源容量要求；《系统接地图》——详细说明各站的各种接地要求并用图示方法标明各种接地的连接方法；其他环境要求——如温度、湿度、振动等其他环境要求。

g. 采用标准。列出整个 DCS 及应用系统设计中所采用的国家标准和国际标准，最后由双方项目组人员签字确认。

（4）DCS 厂家进行完整的工程设计。主要内容包括：①硬件设计，包括操作员站、控制站的数量，I/O 模块的型号、数量等。②软件设计，包括控制层组态、监控软件组态等。③现场施工计划，包括人力分配、调试计划等。另外，如果在设计过程中遇到不明确的问题，可以将问题集中起来，再联系召开工程技术联络会，和用户商讨，共同解决。

1.5.3　DCS 性能指标评价

评价 DCS 的准则主要包括：系统运行不受故障影响，系统不易发生故障且能够迅速排除故障，系统的性能价格比较高。DCS 的评价涉及诸多因素，可归纳为对 DCS 的技术性能、使用性能、可靠性与经济性等方面的评价，评价的目的是使用户正确选择所需要的 DCS。DCS 性能指标评价具体分为技术性能评价、使用性能评价、可靠性与经济性评价。

1. 技术性能评价

1）控制站的评价

控制站的评价涉及以下几个方面。①结构分散性。评价各种 DCS 中的控制站属于哪种、性能如何。②现场适应性。③I/O 结构。④信号处理功能，具体表现为：系统信号处理精度、信号的隔离、抗干扰指标、信号采样周期以及输出信号的实时性能等。⑤控制功能。包括连续控制功能、顺序控制功能和批量控制功能。⑥冗余与自诊断。

2）人机接口的评价

人机接口的评价指对操作员站和工程师站进行评价。

（1）操作员站。对操作员站的评价可归纳为如下几方面：操作员站的自主性、操作员站的硬件配置、操作员站的性能。

（2）工程师站。工程师站除应具有操作员站的所有功能外，还要求具备离线/在线组态，以及专家系统、优化控制等方面的功能。

3）通信网络的评价

应考虑以下几方面：线路成本与通信介质和通信距离的关系，通信网络的结构、控制方法，节点之间允许的最大长度，通信网络的容量、数据校验方式，通信网络的传输速率、实时性、冗余性和可靠性，通信网络的布局、信息传递协议等。

4）系统软件评价

DCS 的软件包括多任务实时操作系统、组态及控制软件、作图软件、数据库管理软件、报表生成软件、系统维护软件。对这些软件应从成熟程度、更新情况、升级的方便程度、使用中出现的问题及解决等方面进行评价。

2. 使用性能评价

评价 DCS 的使用性能应考虑以下几方面：①系统技术的成熟性；②系统的技术支持——维护能力、备件供应能力、厂家的售后服务、技术培训能力；③系统的可维护性能；④系统的兼容性。

3. 可靠性与经济性评价

1）可靠性评价

可靠性评价一般包括以下几方面：①系统的平均无故障间隔时间（MTBF），MTBF越大，DCS 的可靠性越高；②系统的平均故障修理时间（MTTR）；③冗余、容错能力；④安全性，其内容包括系统的操作控制级别设定、安全措施的严密性等。

2）经济性评价

评价 DCS 的经济性有两种类型：在购置和使用系统之前和在系统投入运行一段时期之后。第一种经济性评价着重考虑系统的性能价格比；第二种经济性评价侧重考虑系统费用和经济效益，包括初始费用、运行费用、年总经济效益、投资回收率年限等。

1.5.4　DCS 岗位关系

1. 专业的关系

（1）自控专业与工艺专业的关系。确定工艺流程图、工程的自动化水平和自控设计的总投资。了解工艺流程、车间布置和环境特征，熟悉工艺流程对控制的要求和操作规程。提供工艺流程图、工艺说明书、物性参数表、物料平衡表和工艺数据表等。了解 DCS 的安装尺寸及其对工艺的要求。

（2）自控专业与电气专业的关系。确定仪表电源、连锁系统、仪表接地系统、共用操作盘和信号转换与照明等的协调和分工。

（3）自控专业与设备专业的关系。了解设备的结构特点和性能，确定仪表的安装方位和大小。

（4）自控专业与建筑结构专业的关系。确定控制室、计算机房和车间等建筑的结构和建筑要求。

（5）自控专业与采暖通风专业的关系。对控制室、计算机房等的采暖通风提出温度、相对湿度和送风量的要求。

2. DCS 岗位工作内容及职责

为了指导 DCS 岗位人员安全、高效地开展工作，制定表 1-6 所示 DCS 岗位工作内容及职责；另外，从业绩考核、职业成长等方面进一步完善管理制度。

表1-6　DCS岗位工作内容及职责

序号	具体内容
1	生产过程自动化系统的技术管理和技术支持准确及时，满足生产的需要
2	生产过程自动化系统（DCS、ESD、PLC、SCADA）的调研详情、开发与引进工作及时、符合企业实际，保证系统在生产装置方面的正常实施
3	装置DCS工程的设计、组态及安装调试工作及时准确，使系统能正常使用
4	保证自动化系统在生产装置中的应用，解决系统故障及时高效
5	自动化控制的应用方案满足生产工艺要求
6	针对生产过程自动化系统的培训工作有制度、有落实、有考核
7	全厂生产过程自动化系统的技术档案完整，使设备管理规范化
8	保证技改项目在DCS上的实施，制定DCS设备大修计划，使其全面可行
9	办公自动化设备的维修及时高效，增加本部门的效益及减少全厂各部门的办公开支

1.5.5　DCS维护管理

随着DCS的应用越来越广泛，DCS作为工艺生产监控的重要组成部分，影响着整个生产的稳定运行，一旦DCS出现故障，轻则造成工艺波动，影响产品质量，重则全线停产。DCS性能的发挥在保证生产的连续性、安全性、可靠性、稳定性等方面是极其重要的。DCS维护管理的目的就是进行故障处理，保持DCS良好的运行状态，优化DCS。对DCS进行维护管理应具备专业知识、专业技能、岗位职业能力等基本素质。

1. DCS维护管理常识

（1）完善和强化管理制度执行，明确维护管理职责和任务。加强对维护管理及操作人员的DCS培训工作，减少人为因素对DCS的影响，提高DCS的安全性和可靠性。

（2）强化对维护前准备工作重要性的认识。尤其注重以下几方面：①根据设计方案提供的文档资料，了解DCS总体设计思路；②熟悉DCS外部接线，了解各功能模块的控制原理，形成各功能模块的信息流与控制流概念；③了解DCS仪表和控制元件信息，结合各仪表的产品使用说明书，熟知各部件如控制器、I/O卡件、电源等的指示灯所代表的信息；④对DCS软、硬件进行备份；⑤熟悉完整的服务资料。

（3）对所使用的DCS的安全性和可靠性要有准确的判断，对存在的问题要及时解决。①DCS要稳定运行，了解外围条件必不可少，例如电磁干扰会造成通信报警、DCS操作员站与控制站定期除尘对减少操作员站死机和卡件故障非常有效、DCS卡件对腐蚀性气体非常敏感等。②DCS各主要部件具有一定的寿命周期，应在其预期寿命结束前及时进行更新换代，避免DCS出现突然故障引起设备、工艺事故。例如，DCS使用的电源部件发热量较大，继电器动作频繁，显示器、硬盘等属于寿命周期短、容易损坏的部件，应准备备件并定期更换。③DCS软件随着功能的不断完善和硬件版本的升级也要及时进行更新，以确保DCS运行更安全、更高效。

（4）掌握维护管理工具的使用方法。维护管理工具分为软件工具和硬件工具两类。软件工具包括组态软件、监控软件、故障分析软件、历史数据工具；硬件工具包括仿真器、测试仪表、信号发生器、安装接线工具、除尘工具等。

2. DCS 维护管理人员职责

（1）负责 DCS 软、硬件维护工作，确保 DCS 可靠地运行，保障生产过程的安全、稳定。

（2）协调并参与做好 DCS 的组态、控制方案的实现，以及 DCS 的硬件连接、操作系统的安装和 DCS 调试工作。

（3）负责与 DCS 厂家进行技术沟通，学习 DCS 的使用、维护和管理技术，充分发挥 DCS 的作用；根据工艺生产的要求，健全和完善 DCS 的控制及管理功能。

（4）指导操作员进行 DCS 操作，解决操作员在操作中的问题；接到操作员的请求后，立即做出响应并解决问题。

（5）做好 DCS 的日常、定期的巡检和维护工作；主动及时地发现 DCS 的问题和隐患，查找原因并有效地解决，遇到疑难问题不能处理时，需及时联系 DCS 厂家协调处理。

（6）负责 DCS 运行参数修改、备份工作，避免出现任何数据损坏或丢失事件。

（7）做好 DCS 软、硬件的有效备份工作。

（8）负责 DCS 的启动和停止工作。

（9）负责操作员口令的设置与修改工作。

（10）制定 DCS 的维护及管理规定。

3. DCS 维护管理内容

在日常工作中，加强对 DCS 的维护是防范 DCS 故障发生，提高 DCS 安全性和可靠性的重要保障。维护分为日常维护、预防性维护、故障性维护。日常维护和预防性维护是在 DCS 未发生故障时所进行的维护，故障性维护发生在故障发生之后。

日常维护的主要工作包括保证空调设备稳定运行，加强防静电措施和良好的屏蔽，注意防尘，保证控制室有安全可靠的接地系统、严禁使用非正版软件和安装与系统无关的软件等。预防性维护的主要工作包括系统冗余测试、操作员站与控制站停电检修、DCS 供电与接地系统检修检查、DCS 卡件点检。故障性维护的关键是快速、准确地判断故障点的位置，一方面，利用丰富的自诊断功能；另一方面，与操作员密切合作。

1）控制室维护管理

制定机柜室、操作室管理规定。对机柜室、操作室的卫生环境保持、进出人员管理、操作员操作管理、维护人员维护管理进行详细规定。对于控制室除维持适当的温度和湿度外，还要做好防水、防尘、防腐蚀、防干扰、防鼠防虫、避免机械振动等工作，具体请参考《控制系统环境规程》中的相关规定。

2）计算机维护管理

（1）随时提醒操作员文明操作，爱护设备，保持清洁，防水防尘。

（2）禁止操作员退出实时监控；禁止操作员增加、删改或移动计算机内任何文件或更改系统配置；禁止操作员使用外来存储设备或光盘。

（3）尽量避免电磁场对计算机的干扰，避免移动运行中的计算机、显示器等，避免拉动或碰伤连接好的各类电缆。

（4）应使计算机远离热源，保证通风口不被它物挡住。

（5）严禁使用非正版的操作系统软件；严禁在实时监控操作平台进行不必要的多任务操作，运行非必要的软件；严禁强制性关闭计算机电源；严禁带电拆装计算机硬件。

（6）注意操作员站（工程师站）计算机的防病毒工作，做到：不使用未经有效杀毒的可移动存储设备；不在控制系统网络上连接其他未经有效杀毒的计算机；不将控制网络连入其他未经有效技术防范处理的网络等。

（7）操作员站、工程师站、服务器等计算机设备如果需要重新安装软件，必须按照《控制系统装机规程》的要求进行操作。

（8）DCS 正常运行时，关闭计算机（操作员站、工程师站、服务器）柜门。

3）控制站维护管理

（1）控制站（主控卡）的任何部件在任何情况下都严禁擅自改装、拆装。

（2）在进行例行检查与改动安装时，应避免拉动或碰伤供电、接地、通信等线路。

（3）维护卡件时必须戴上防静电手套，清洁时不能用酒精等有机溶液清洗。

（4）DCS 正常运行时，关闭控制柜柜门；锁好系统柜、仪表柜及操作台等柜门，避免非系统维护人员打开。

4）系统资料的备份管理

DCS 软/硬件、组态文件、控制及运行参数都需要进行备份管理。

（1）重要软件及资料不仅要求在本计算机硬盘上进行备份，还要求在 U 盘、光盘或其他计算机上进行备份，备份前需做好更新记录或更新说明。主要备份内容包括：①对操作员没有权限修改的控制参数（PID 参数、调节器正反作用参数等）、控制变量、工艺参数等数据进行备份；②对组态文件及组态子目录文件（组态文件、流程图文件、控制算法文件及报表文件等）等进行备份；③如有多系统互连，应对通信协议、通信方案、通信地址等数据及有关文件进行备份及存档。

（2）对接线图纸、安装图纸等设计资料及交工资料等进行存档保管。

（3）计算机需要安装的各种软件需在本地计算机的硬盘上进行备份，如操作系统软件、DCS 组态及监控软件、驱动软件等，做好版本标识并编写安装说明。

（4）了解 DCS 的记录周期，并根据工艺生产的要求对操作记录、报警记录、历史趋势等生产运行记录进行不遗漏的定期备份，刻制光盘后做好标识并交有关人员保管。

（5）做好备品备件的保管工作，保证 DCS 软件、硬件备品备件的及时性、有效性（保证在实际运用时能及时到位，并且性能良好）。

4. 巡检指导

1）日常巡检指导

每日巡视 DCS 工作，实时掌握 DCS 的运行情况。

（1）向操作员了解 DCS 运行情况，及时解决操作员的疑难问题。

（2）查看 DCS 故障诊断画面，检查是否有软/硬件故障及通信故障等提示，查阅 DCS 故障诊断记录。

（3）检查操作室与机柜室的环境及空调设备的运行情况。

（4）打开系统柜、仪表柜、操作台等的柜门，检查系统硬件指示灯及通信指示灯有无异常。

（5）检查有无老鼠、害虫等的活动痕迹。

（6）做好每日的巡检维护记录。

2）定期巡检指导

DCS 运行正常后，应定期对其进行巡检指导，以确保 DCS 能够长时间持续正常工作。定期巡检指导可使用专门的"DCS 定期巡检记录表"，作为 DCS 维护与使用的主要记录，其主要内容如下。

（1）控制室环境检查。

①检查照明情况、抗干扰情况、振动情况、温度与湿度情况、空调设备的运行情况，并应特别注意检查控制机柜内部的卡件等电子设备有无出现水珠或者凝露。

②检查有无腐蚀性气体腐蚀设备、过多的粉尘堆积等现象。

③每星期至少进行一次定期巡检指导，并做好定期巡检记录。

（2）控制站、操作员站定期检查。

①检查计算机、显示器、鼠标、键盘等硬件是否完好。

②检查 DCS 实时监控工作是否正常，包括数据刷新、各功能画面的操作是否正常。

③检查故障诊断画面，查看是否有故障提示。

④向操作员了解 DCS 运行及工艺生产情况，为以后控制方案优化提供依据。

⑤在 DCS 运行一定时间后，应及时备份或清理历史趋势和报表等运行历史文件。

⑥打开系统柜、仪表柜、操作台等的柜门，检查有无硬件故障（FAIL 灯亮）及其他异常情况。

⑦检查各机柜电源箱是否工作正常，电源风扇是否工作，5 V、24 V 指示灯是否正常。

⑧检查 DCS 接地（包括操作员站、控制站等）、防雷接地装置是否符合标准要求。

⑨定期清除积累的灰尘以保持干净、整洁。

⑩以上检查每星期至少定期进行一次，并做好定期巡检记录。

⑪当操作员站运行一定时期后（通常为 3 个月），用操作系统提供的磁盘整理程序整理硬盘 C 和 D。

（3）DCS 网络定期检查。

①检查各操作员站网卡指示灯状态是否正常。

②检查所有主控卡、数据转发卡、I/O 卡件等的通信指示灯是否正常。

③检查集线器、交换机的通信指示灯是否正常。

④检查各通信接头连接是否可靠正常。

⑤检查监控软件的故障诊断画面中是否提示通信故障，诊断信息中是否有通信故障的记录。

⑥建议 DCS 网络的检查每个月进行一次。

3）大修期间维护指导

大修期间对 DCS 进行彻底的维护，但在检修前应对 DCS 组态进行备份，对 DCS 运行参数进行上载和备份，并及时做好大修期间 DCS 维护记录。大修期间维护内容主要如下。

（1）进行彻底的灰尘清理，完成改接线。

（2）对于在日常巡检、定期巡检中发现而不能及时处理的问题进行集中处理，如系统升级、组态下载等。

（3）在检修期间更改组态、控制及连锁程序时，必须组织工艺、设备、电气和仪表相关负责人共同参与连锁调试，并形成连锁调试记录。

（4）检修期间应检查供电和接地系统是否符合要求。

大修期间维护主要关注以下环节。

（1）进行断电前检查。观察卡件是否亮红灯、监控的故障诊断中是否显示故障、电源箱是否正常。进行系统冗余测试、网线检查、UPS 测试、I/O 点精度测试。另外，检查软件备份、组态文件备份、控制及工艺数据备份等是否正确、齐全。

（2）按如下顺序切断电源。

①每个操作员站依次退出实时监控及操作系统后，关闭操作员站工控机及显示器电源。

②逐个关闭控制站电源箱电源。

③关闭各个支路电源开关。

④关闭 UPS 开关。

⑤关闭总电源开关。

（3）进行 DCS 停电维护。

①进行操作员站、控制站停电吹扫检修。

②针对日常巡检、定期巡检中发现而不能及时处理的故障进行维护及排除。

③进行仪表及线路检修，包括供电线路、I/O 信号线、通信线、端子排、继电器、安全栅等；确保各仪表工作正常，线路可靠连接，标识清晰正确。

④进行接地系统检修，包括端子检查、各操作员站（工控机、显示器）接地检查、各控制站（电源、机笼）接地检查、对地电阻测试。

（4）现场以及 DCS 的各项维护工作完成后，检查确认以下各项条件满足后，才能重新上电。

①联系工艺、电气、设备、仪表等专业共同确认是否满足 DCS 的上电条件。

②确认总电源符合要求后，合上总断路器，并分别检查输出电压。

③合上配电箱内的各支路断路器，分别检查输出电压。

④若配有 UPS 或稳压电源，则检查 UPS 或稳压电源输出电压是否正常。

（5）进行系统上电及测试。

①启动工程师站、服务器、操作员站，同时将系统各电源箱依次上电检查。

②检查各电源箱是否工作正常，电源风扇是否工作，5 V、24 V 指示灯是否正常。

③检查各计算机的系统软件及应用软件的文件夹和文件是否正确。

④将修改后的组态进行编译下载。

⑤从每个操作员站实时监控的故障诊断中观察是否存在故障。

⑥打开控制站柜门，观察卡件是否工作正常，有无故障显示（FAIL 灯亮）。

⑦进行冗余测试，包括供电冗余测试、通信冗余测试、卡件冗余测试。

（6）检查控制、工艺参数。

①校对各个已经成功运行过的控制、工艺参数（因组态修改/下载，部分参数可能出现混乱现象，需重新输入）。

②更换过现场仪表（变送器、调节阀等）的控制回路、新增加的控制回路（程序），其参数需要重新整定并进行调试。

4）组态修改及下载指导

DCS 投入运行后，由于工艺改造、系统扩展等因素，需要组态或二次开发。为了更好地实施此方面工作，下面从组态修改基本原则、生产过程中的组态修改、生产过程中下载时的注意事项、非生产状态下的更改与下载 4 个方面进行简要说明。

（1）组态修改基本原则。组态修改之前必须对当前组态文件进行备份，以备紧急恢复使用。

（2）生产过程中的组态修改。在生产过程中，因各种原因需要对 DCS 组态进行修改，以达到良好的监控效果，在修改过程中应对修改内容进行有效区分，有些修改无须下载，有些修改必须下载。

（3）生产过程中下载时的注意事项。

①在线下载应选择在生产平稳的时候进行，并避开顺控切换、累积量精确计量等时序，下载前确认重要连锁已切除，控制程序及控制回路切换为手动操作。

②组态修改下载前、后，均应对修改的内容进行相应的验证，确保其正确性。

③组态下载后，须及时传送组态以保证各操作员站、工程师站的组态一致。

④遵循生产过程在线下载的操作流程规范。

（4）非生产状态下的更改与下载。

①组态更改较多，不符合在线下载的规定时，可以在工艺停车时修改下载。

②下载后必须立即对程序进行调试，检查确认各程序、阀位、参数是否正常，检查确认无误后方可再次开车。

5. 故障处理指导

1）概况

故障排除的基本思路和基本方法是掌握最有用、最典型的故障现象，分析产生故障现象的可能原因，采用排除法和替换法解决故障。DCS 一旦出现故障，用最短的时间准确分析和诊断故障发生的部位和原因是当务之急。DCS 故障分为通信网络故障、现场设备故障、I/O 卡件故障、电源故障、软件故障。进行故障处理时应注意以下几个方面。

（1）检查故障是否由操作员、维修员误操作所引起，例如：因退出操作权限而不能操作、手动调节时键盘输入数据错误、连锁切换不当、回路检修造成短路或接地等。

（2）利用 DCS 的自诊断测试功能和硬件故障指示灯来确认故障原因和故障位置。分清是仪表故障还是 DCS 故障，若是 DCS 故障，则进一步判断是硬件故障还是软件故障。

（3）进行 DCS 卡件更换时一定要确认能否在线更换，以及冗余卡件切换对工作是否有影响。

（4）进行软件故障处理并需要下装时，要确认 DCS 是否允许在线下装。比较可靠的方法是进行增量下装，同时将下装可能影响的参数和阀门强制手动，这样可以有效避免对设备运行的影响。

（5）对系统故障一定要查清原因，否则可能造成替换的卡件或模块再次损坏。

（6）当故障导致 DCS 瘫痪（此情况甚少）时，需预先制定事故预案。

（7）针对 DCS 软件下装、停送电操作执行唱票、复诵制度对杜绝误操作，提高检修过程的安全性和可靠性具有非常明显的作用。

2）故障案例

（1）操作员站有时出现死机故障现象。常见原因包括内存容量不够、内存条故障、硬盘空间太小、硬盘故障、采用劣质零部件、硬件资源冲突、灰尘过多、散热不良、非正常关闭计算机、非法操作、启动程序太多、非法卸载软件、初始化文件被破坏、系统文件被误删除、移动不当、病毒感染等。

（2）卡件故障现象。例如，电流信号输入卡（XP313）的某一信号点显示不准，可能的原因：①更改了现场仪表类型，却未修改相应 I/O 点的组态；②XP313 卡 1、2 或 3、4 通道（同组内）的信号类型不同，导致测量不准确。

1.5.6 工程技术文档

工程技术文件一般按照交工技术文件（即归档文件）来划分，每个行业都有不同的要求和范畴，从项目前期市场调研、可行性研究，到设计文件、施工过程文件以及设备材料的采购文件及厂家资料等，都属于工程技术文件。

工程技术文件是反映工程项目的规模、内容、标准、功能等的文件。只有依据工程技术文件，才能对工程的分部、分项即工程结构进行分解，得到明确的基本子项；只有依据工程技术文件及其反映的工程内容、性能、指标，才能测算或计算出工程需求。因此，工程技术文件是确定工程投资的重要依据。

由于 DCS 属于大、中型项目，不仅在经济效益方面举足轻重，在安全性、可靠性等方面也至关重要，所以工程技术文件对供货商、系统集成商和用户方具有十分重要的现实意义。了解工程技术文件的相关知识和技能，可以为将来从事此类工作奠定基础。

工程建设的不同阶段所产生的工程技术文件是不同的。

（1）在项目决策阶段（包括项目意向、项目建议、可行性研究等阶段），工程技术文件表现为项目策划文件、功能描述书、项目建议书或可行性研究报告，以及合同标书。此阶段的投资估算主要依据上述工程技术文件进行编制。

（2）在初步设计阶段，工程技术文件主要表现为初步设计所产生的初步设计图纸及有关设计资料，尤其《技术协议》至关重要，它是验收的基本依据。设计概算的编制主要以初步设计图纸及有关设计资料作为依据。

（3）在施工设计阶段，随着工程设计的深入，工程技术文件表现为施工设计资料，包括建筑施工图纸、结构施工图纸、设备施工图纸、其他施工图纸和设计资料。

（4）工程完成后，为用户提供各种技术手册、设计规格书、操作维护说明书、培训手册、工程总结报告、验收结算报告等文件。

下面仅对施工设计阶段的工程技术文件作进一步说明，其他内容读者自行搜集整理。

常用的施工设计阶段的工程技术文件包括：施工组织设计文件、施工图设计会审文件、技术交底文件、原材料与构配件及设备出厂质量合格证、施工检（试）验报告、施工记录、测量复检及预验记录、隐蔽工程检查验收记录、工程质量检验评定资料、功能性试验记录、质量事故报告及处理记录、设计变更通知单、洽商记录、竣工验收文件等。

1.6 反应罐液位双位监控

1.6.1 概况

1. 控制工艺要求

基于 DCS 体系结构及功能模块，仿真反应罐液位双位监控系统，该系统具备自动及手动启/停进料阀门和出料阀门功能，可利用按钮实现系统启/停切换。通过本节的学习，初步了解组态软件功能模块的内涵和应用步骤。

控制要求如下。

（1）初始液位为 0，液位上限为 1 000，"启动/停止"控制按钮处于停止状态，可操作"启动/停止"按钮切换状态。

（2）如果系统处于启动状态，则当液位低于总液位的 10% 时将自动打开进料阀门送料，并关闭出料阀门；当液位高于总液位的 90% 时将关闭进料阀门，打开出料阀门。

（3）手动操作进料阀门和出料阀门，状态"打开/关闭"互相切换，液位值应合理。

（4）液位为总液位的 30%~70% 之间时，报警指示灯为绿色，否则为红色。

（5）如果只有进料阀门打开，则液位每工作周期（如 1 s）升高 10%；如果只有出料阀门打开，则液位每工作周期降低 5%；如果两个阀门同时打开，则液位每工作周期升高 5%。另外，液位值应合理。

2. 系统方案分析

本系统主要利用计算机和组态软件实现反应罐液位双位监控，从软件配置角度可选用组态王 7.5 和 TIA 博途 V16，控制工艺的实现方式可分为"纯软件仿真"和"操作员站 + 控制站"两条路线。结合实际情况，项目实施平台确定为两种方案：①纯软件仿真，基于计算机中的组态软件，选用组态王 7.5 软件，并结合仿真设备进行操作；②基于 TIA 博途 V16 软件，采用"操作员站 + 控制站"体系架构。

本系统分为自动工作方式和手动工作方式。自动工作方式要求根据图 1 - 12 所示液位数值实现阀门状态自动切换；手动工作方式在监控界面直接操纵阀门状态，相应调整液位。监控界面的反应罐液位与 PLC 寄存器连接，出料阀门按钮、进料阀门按钮、手动/自动切换按钮的数据与内存变量关联。供料系统的控制逻辑由组态王 7.5 中的应用程序命令语言编程实现。综合控制要求和上述分析，编程实现图 1 – 12 所示的工艺流程。

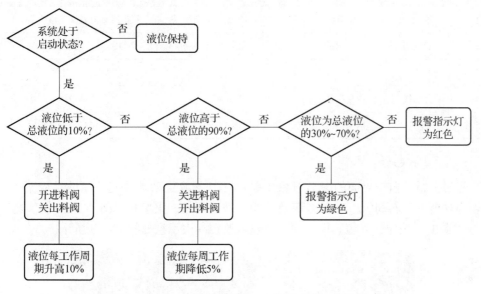

图 1 – 12　车间反应罐液位双位监控系统工艺流程

3. 组态王 7.5 仿真方案

为了在计算机监控界面上直观地反映系统设备及工艺状况，利用组态王 7.5 中的图形工具箱、图库的对象，通过与变量的动画连接，改变图形对象的颜色、尺寸、位置、填充百分数等，使图形对象呈现良好的动画效果。工艺控制关系利用变量、脚本编程，结合组态王 7.5 自带的仿真设备实现。

1）仿真设备

在组态王 7.5 中，把需要与其交换数据的设备或者程序都视为 I/O 设备，即需要在组态王 7.5 中定义逻辑设备关联实际设备，并借助组态王 7.5 中的数据库，即 I/O 变量实现现场状态或参数与监控界面的互动。根据系统要求，引用组态王 7.5 中的仿真设备，定义其名称为"PLC_仿真"。

2）数据库变量与动画连接

在组态王 7.5 中，变量包括系统变量和用户定义的变量。变量的基本类型分为两类：I/O 变量和内存变量。I/O 变量是指可与外部数据采集程序/设备（如下位机数据采集设备 PLC）直接进行数据交换的变量。此种数据交换具有双向的、动态的特征。内存变量是指那些不需要和其他应用程序交换数据，也不需要从下位机得到数据，只在组态王 7.5 工程项目中使用的变量，如计算过程的中间变量。

动画连接是将画面中的图形对象与变量建立某种关系，将变量值的变化以监控界面上图形对象动画效果的动态变化体现出来，把静态监控界面激活，相当于赋予它"生命"。综合系统要求和上述分析，数据库变量规划表如表 1 – 7 所示。

表 1-7　数据库变量规划表

序号	名称	类型	I/O 设备寄存器	关联动画连接
1	液位	I/O 整数	STATIC1000，读写	反应罐填充及文本液位显示
2	出料阀门	内存离散	无关	关联图库可操作阀门
3	进料阀门	内存离散	无关	关联图库可操作阀门
4	启停切换	内存离散	无关	关联按钮
5	指示灯	内存离散	无关	关联液位报警图库指示

3）系统监控界面

经过分析，监控界面的图形对象主要包括具备液位动画填充功能的反应罐、带状态切换功能的出料阀门、带状态切换功能的进料阀门、报警指示灯、"启动/停止"按钮与"退出"按钮、管道。反应罐液位双位监控界面示意如图 1-13 所示。

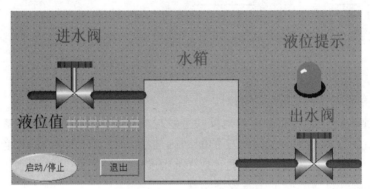

图 1-13　反应罐液位双位监控界面示意

4. TIA 博途 V16（操作员站 + 控制站）仿真方案

TIA 博途 V16（操作员站 + 控制站）仿真方案遵循操作员站实现集中监视、集中操作、集中管理，控制站实现分散控制的 DCS 机制。TIA 博途 V16 软件的主要特点如下：①操作员站、控制站的组态合二为一；②变量共通互享；③具有较多的快捷技巧。该方案的关键在于根据项目工艺要求完成控制站（PLC 应用系统）的构建、操作员站与控制站的组态及通信，重点围绕变量、监控界面、PLC 编程进行操作，具体参照后续实施内容。另外，根据实际情况考虑引入液位继电器、水泵及电磁阀实现液位的双位控制。

1.6.2　组态王 7.5 仿真方案实施

1. 工程建立

打开组态王 7.5 组态环境，新建工程，根据向导提示，输入新建工程的名称及对工程的描述，并设为当前工程。

2. 设备组态

新建工程后，定义所需逻辑设备的过程称为设备组态。在"工程管理器"中，选择新建工程，单击"开发"按钮，打开"工程浏览器"。在"工程浏览器"中选择"设备"→"COM1"选项，双击右侧窗口中的"新建"图标，弹出图1-14所示的对话框，根据项目要求选择所需的亚控科技仿真PLC设备。

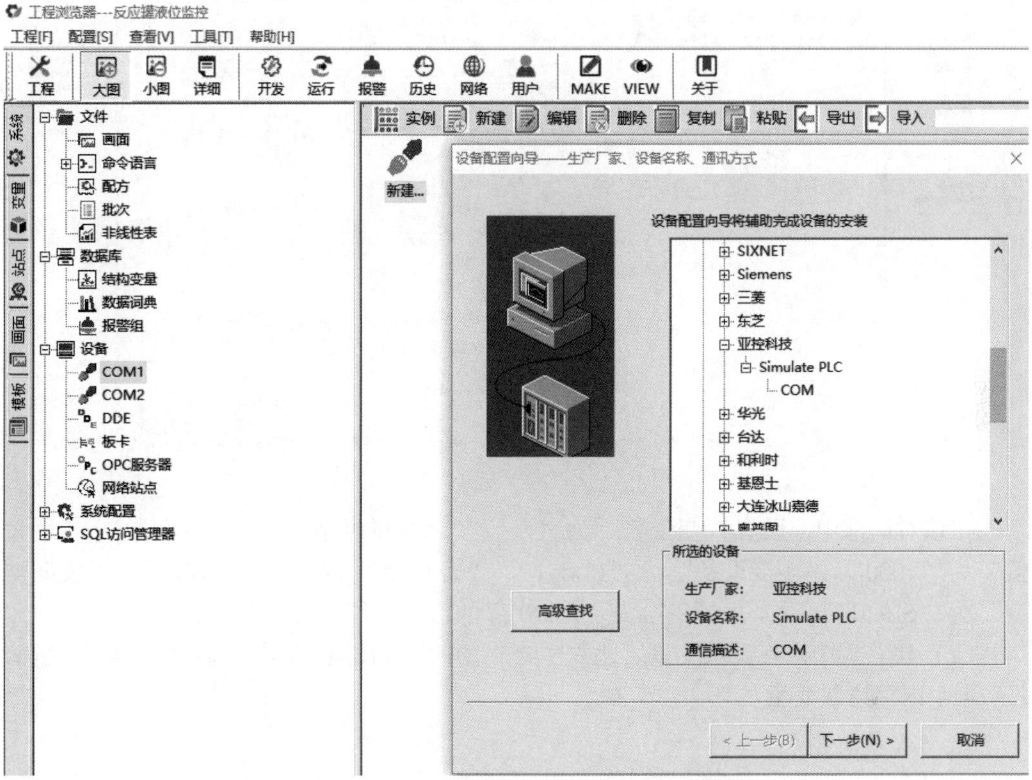

图1-14 "设备配置向导"对话框（选择设备类型）

接下来为仿真PLC设备命名。选择"亚控科技"→"Simulate PLC"→"COM"选项后单击"下一步"按钮，为仿真PLC设备取一个名称，如"PLC_1"。

程序在实际运行中是通过I/O设备和下位机交换数据的，在调试程序时，可以使用仿真I/O设备模拟下位机向组态画面提供数据，为画面程序及工艺的调试提供方便。组态王7.5提供了一个仿真PLC设备，便于自主学习组态王7.5的功能模块。仿真PLC设备在使用前也需要定义，在定义相关I/O变量时，关键在于了解仿真PLC设备的寄存器符号及规则。寄存器包括自动加1寄存器INCREA、自动减1寄存器DECREA、静态寄存器STATIC、随机寄存器RADOM、CommErr寄存器。可以参考帮助文档以进一步了解应用规则及示例。

3. 数据变量定义

这里只需要对变量的"基本属性"进行定义，至于"报警定义"和"记录和安全区"定义及应用在后续项目中介绍。

（1）定义"液位"变量。在组态王7.5"工程浏览器"中选择"数据库"→"数

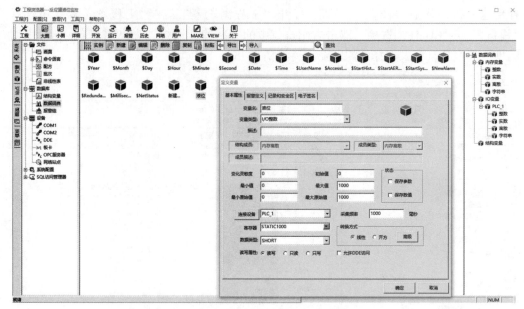

图 1 – 15 "定义变量"对话框

在该对话框中,设置"变量名"为"液位","变量类型"为"I/O 整数","最大值"为"1000","连接设备"为"PLC_1","寄存器"为"STATIC1000","数据类型"为"SHORT","采集频率"为"1 000 毫秒","读写属性"为"读写"。

(2)建立 4 个内存离散变量。建立"进料阀门""出料阀门""启停切换""指示灯"4 个内存离散变量。

4. 监控界面组态

监控界面是操作员站实现集中显示、集中操作、集中管理的人机交互接口,构筑形象、友好、实用的监控界面是衡量系统优劣的重要指标之一。监控界面既可由简单的图素组成,也可以由功能强大的控件组成。监控界面组态分为静态画面制作和动画连接两个阶段。下面简要介绍监控界面组态的基本步骤。

(1)新建画面。在组态王 7.5"工程浏览器"中选择"文件"→"画面"选项,双击右侧窗口中的"新建"图标,弹出图 1 – 16 所示的"画面属性"对话框。在"画面名称"框中输入新的画面名称,如"反应罐双位仿真系统",其他属性目前不用更改。

(2)静态画面组态。根据监控界面方案要求,在组态王 7.5"开发系统"界面中从工具箱或图库中分别选择"矩形框""阀门""按钮""管道""文本""指示灯"对象,拖动鼠标到画面中所需位置。

(3)动画连接。在工艺流程图绘制过程中,要求画面清晰、美观,能较准确地反映反应罐液位的实际情况,因此管道与各元件的镶嵌、各元件之间的搭配等都应遵循工艺及审美要求。但是,在实际画图过程中,各元件及管道的绘制顺序不一定能满足美观的要求,此时就涉及显示调整的问题。选中需要调整的图符,单击鼠标右键,选择"图素位置"→"图素后移"等选项,直到工艺流程图符合要求为止。

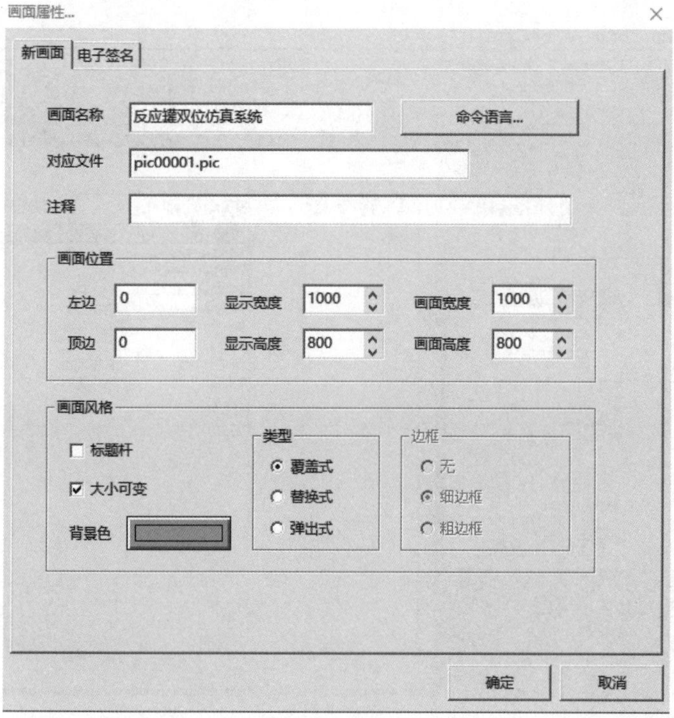

图 1-16 "画面属性"对话框

（4）图库精灵的使用。首先，在画面中放置所需图库精灵。其次，修改图库精灵，双击画面中的图库精灵，弹出改变图形外观和定义动画连接的"属性向导"对话框，该对话框中包含了与图库精灵的外观、动作、操作权限、与动作连接的变量等相关的各项设置，不同的图库精灵具有不同的"属性向导"对话框界面。用户只需要输入变量名，合理调整各项设置，就可以设计出符合使用要求的个性化图形。

本项目需要利用图库中的"阀门"设备，其主要操作过程如下：①在"开发系统"界面中，选择"图库"菜单；②选择"打开图库"子菜单，并选择"图库管理"→"阀门"设备；③双击所需设备，在组态界面上绘制所选设备符号；④双击阀门，进入图 1-17 所示的阀门动画连接界面，关联相应变量。

（5）文本对象"液位值"的动画连接的建立。双击图形对象，打开"动画连接"对话框，双击文本对象"####"（用于显示液位值），在弹出的模拟值输出连接对话框中按前述分析要求进行设置。

（6）阀门动画设置。在画面中双击"进料阀门"图形，弹出该图库对象的"动画连接"对话框，进行如下设置："变量名"（离散量）为"\\本站点\进料阀门"，"关闭时颜色"为红色，"打开时颜色"为绿色。单击"确定"按钮后"进料阀门"动画设置完毕。当系统进入运行环境时单击进料阀门，其变成绿色，表示进料阀门已被打开，再次单击则关闭进料阀门，从而达到控制阀门的目的。用同样的方法设置其他图形对象的动画连接，例如作为反应罐的"矩形"需要实现"动画填充"效果。

图1-17 阀门动画连接界面

5. 双位仿真工艺控制编程

需要使用应用程序命令语言实现反应罐的控制工艺。在"工程浏览器"中,选择"文件"→"命令语言"→"应用程序命令语言"选项,则右边的内容显示区出现"请双击这儿进入<应用程序命令语言>对话框……"图标。

(1)"启动时"的命令语言程序。根据控制要求,完成阀门、液位初始状态为0的设置。

(2)"运行时"的命令语言程序。根据控制要求,其命令语言参考程序如图1-18所示。图1-18中"液位"变量针对组态王7.5的仿真PLC设备寄存器取值范围,注意自主根据工艺要求调整程序,以进一步完善控制工艺及编程实施。

(3)命令按钮编程。图1-13中的"启动/停止"按钮作为工艺流程的总控开关使用,"退出"按钮用于终止组态王7.5的运行状态。它们的动画连接通过"命令语言连接"→"按下时"选项实现。在"启动/停止"按钮的命令语言编辑界面中利用if…else结构完成启/停切换;在"退出"按钮的命令语言编辑界面中输入";exit(0)"。

项目组态完成后,在"开发系统"界面中选择"文件"→"全部保存"选项后,再选择"文件"→"VIEW"选项,自动进入反应罐液位双位监控系统运行界面。根据工艺流程要求,通过在监控界面上对按钮或阀门进行相应操作,观察液位值和阀门状态,判断是否符合系统要求,从而完成项目的调试和验证工作。

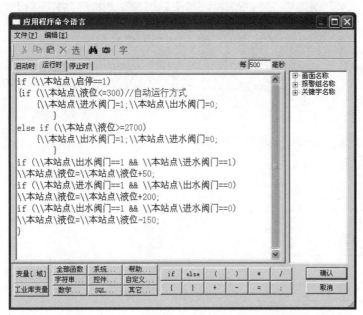

图 1-18 "运行时"的命令语言参考程序

1.6.3 TIA 博途 V16 仿真方案实施

1. PLC (控制站) 组态

下面对实现 TIA 博途 V16 仿真方案控制工艺的主要内容进行简要说明。控制站变量定义示意如图 1-19 所示。所有控制动作统一在定时循环中断 OB30 中实施,控制工艺对应的 OB30 参考程序如图 1-20 所示,OB30 执行周期为 1 s。

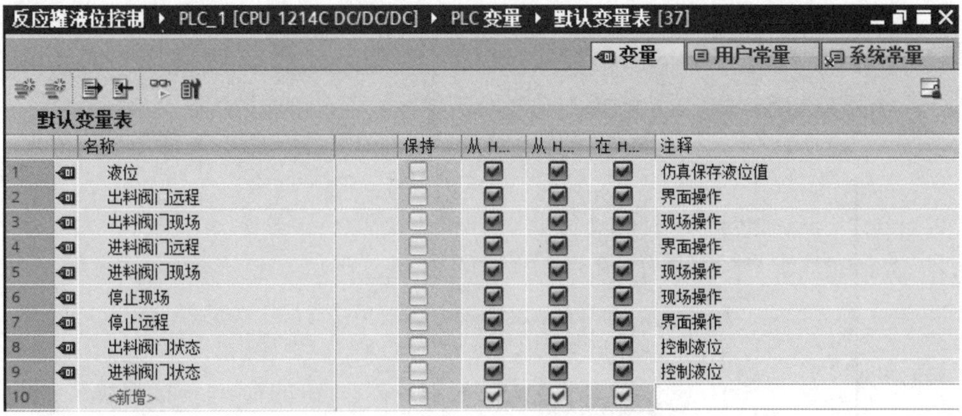

	名称	保持	从 H...	从 H...	在 H...	注释
1	液位		☑	☑	☑	仿真保存液位值
2	出料阀门远程		☑	☑	☑	界面操作
3	出料阀门现场		☑	☑	☑	现场操作
4	进料阀门远程		☑	☑	☑	界面操作
5	进料阀门现场		☑	☑	☑	现场操作
6	停止现场		☑	☑	☑	现场操作
7	停止远程		☑	☑	☑	界面操作
8	出料阀门状态		☑	☑	☑	控制液位
9	进料阀门状态		☑	☑	☑	控制液位
10	<新增>		☑	☑	☑	

图 1-19 控制站变量定义示意

2. 操作员站组态

操作员站的硬件组件、参数分配和互连需要在设备和网络视图中进行。在项目树中选择"添加新设备"→"PC 系统"→" WinCC RT Advanced"选项,完成 WinCC RT Advanced 应用平台的定义。

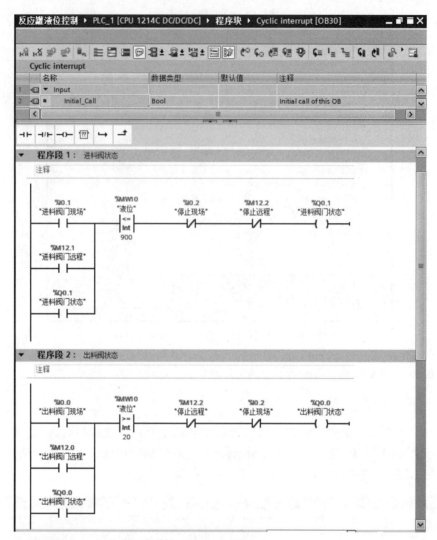

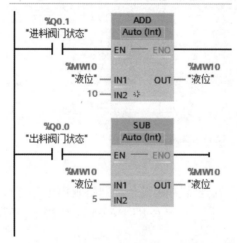

图 1 – 20   OB30 参考程序

3. 工作站网络组态

（1）PC 的 IP 地址。在 PC"设备视图"左边的"硬件目录"中选择"通讯模块"→"PROFINET/Ethernet"→"常规 IE"选项，拖放到 PC station 槽中。修改"IE general_1"对象属性的"PROFINET 接口［X1］"IP 地址为"192.168.0.2"（PLC 的 IP 地址为192.168.0.1）。另外，将 PC 网卡的 IP 地址修改为"192.168.0.2"，并用"ping"命令验证与 PLC 通信是否正常。

（2）工作站网络连接。选择"设备和网络"→"网络视图"→"连接"→"HMI连接"选项，单击某个工作站的"Ethernet"口，拖放到另一个工作站的"Ethernet"口，HMI 高亮显示。修改"IE general_1"对象属性的"PROFINET 接口［X1］"IP 地址为"192.168.0.2"（PLC 的 IP 地址为 192.168.0.1）。

4. 操作员站界面组态

（1）添加新画面。在项目树中选择"PC – System_1"→"HMI_RT_1"→"画面"→"添加新画面"选项，在其属性对话框的"常规"选项卡中将画面命名为"液位主画面"，其他选项默认。

（2）组态画面对象。直接从工具箱中把所需对象拖拽到画面中，在其"属性视图"中，根据需要组态其"属性""动画""事件"。利用工具箱中的"基本对象"，如"文本域" A 生成标识信息"反应罐液位监控"等。

利用工具箱中的"元素"，如"符号库" 生成"阀门""反应罐""管道"；"I/O域" 显示"液位"，"开关" 远程控制"阀门状态"和"停止"；"棒图" 用于填充反应罐的液位。

利用工具箱中的"控件"，如"趋势视图" 生成"液位的实时趋势曲线"。

操作员站界面组态示意如图 1 – 21 所示。

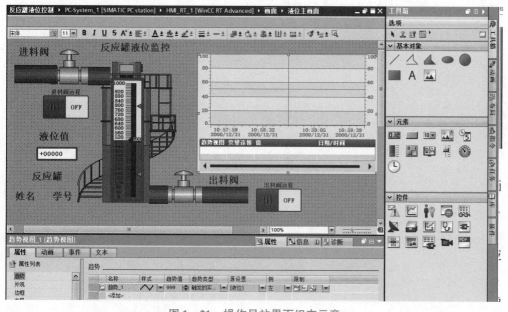

图 1 – 21　操作员站界面组态示意

5. DCS 仿真运行

控制站和 PC 分别编译无误后，先启动 PLC 仿真运行，然后启动操作员站仿真运行。根据工艺流程要求，通过在监控界面上对"开关"对应的"阀门"和"停止"进行远程控制，观察"液位值"和"阀门状态"，判断是否符合系统要求，从而完成项目的调试和验证工作。

6. DCS 实际运行

首先，根据要求进行安装接线，主要包括以太网通信接线，PLC 外围的输入、输出接线；其次，将 PLC（控制站）组态下载到设备；再次，分别启动控制站和操作员站，进入运行状态；最后，根据控制工艺，进行调试和验证工作。

 总 结

本项目主要介绍了 DCS 的基本常识，可归纳为下述要点。

（1）回顾自动控制系统基本概念。自动控制系统分为过程控制系统和计算机闭环控制系统等。自动控制系统中应用最广泛一种控制功能是 PID 控制。

（2）学习 DCS 体系结构。DCS 通过某种通信网络将分布在工业现场附近的控制站和控制中心的操作员站及工程师站等连接起来，以完成对现场生产设备的分散控制和集中操作管理。DCS 硬件体系结构在垂直方向可分解成现场控制级、过程控制级、过程管理级、经营管理级。各级相互独立又相互联系。

（3）DCS 软件体系结构是按照硬件体系结构划分形成的，分成控制站软件、操作员站软件和工程师站软件，还有运行于各个站的网络软件，作为各个站上功能软件之间的桥梁。

（4）DCS 工程设计和运行维护的常识。

项目2　机械手监控系统组态

2.1 项目实施方案

2.1.1　概况

1. 机械手简介

机械手是一种能模仿人"手和臂"的某些动作功能，按固定程序抓取、搬运物件或操作工具的自动操作装置，其特点是可以通过编程来完成各种预期的作业，在构造和性能上兼具人和机器各自的优点，可代替人进行繁重劳动以实现生产的机械化和自动化，能在有害环境下操作以保护人身安全。机械手代替人完成大批量、高质量、高效率的工作，广泛应用于工业制造、军事、医疗、娱乐等领域。

机械手主要由手抓（执行机构）、运动机构和控制系统三大部分组成。手抓是用来抓持工件（或工具）的部件，根据被抓持物件的形状、尺寸、质量、材料和作业要求而有多种结构形式，如夹持型、托持型和吸附型等。运动机构使手抓完成各种转动（摆动）、移动或复合运动来实现规定的动作，改变被抓持物件的位置。运动机构的升降、伸缩、旋转等独立运动方式，称为机械手的自由度。为了抓取空间中任意位置和方位的物体，需要有6个自由度。自由度是机械手设计的关键参数。自由度越多，机械手的灵活性越大，通用性越好，其结构也越复杂，一般专用机械手有2～3个自由度。控制系统通过对机械手每个自由度的电动机或气缸的控制来使手抓完成特定动作，同时接收传感器反馈的信息。通过对控制系统编程可实现所需要的功能。

2. 项目要求

根据DCS项目常识和工艺要求，围绕机械手进行任务分析，绘制控制流程图，基于西门子PLC及TIA博途软件实现机械手动作控制，基于组态王实现监控，重点是任务分析和绘制控制流程图。

1）总体要求

基于DCS体系结构及功能模块，仿真机械手的结构和控制要求，具备自动和手动两种控制方式，利用传感器或按钮实现"状态"切换控制；分析机械手的组成及有关控制要求，结合后续参考监控界面、变量、程序等内容进行理解。通过本项目的学习，进一步掌握组态软件功能模块的内涵和应用步骤。

2）机械手的组成

机械手由导轨、横梁、大臂、小臂、手抓组成，在其左、右、上、下均有限位开关进行保护，供料台上设有工件检测传感器。根据机械手的组成和控制要求，机械手的布局示意如图 2 – 1 所示。

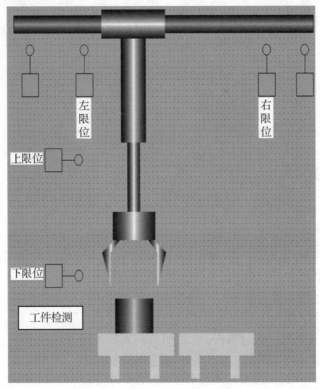

图 2 – 1　机械手的布局示意

3）控制要求

在供料台的工件检测传感器检测到工件后，机械手下行；机械手下行到位后，手抓夹紧工件；夹紧时间到，机械手和工件上行；上行到位后，机械手右行；机械手右行到位后，下行；机械手下行到位后，手抓松开工件，送至传送带；机械手上行；机械手上行到位后，左行到原位，等待下个工作周期；监控界面以动画演示机械手的动作。

本项目基于机械手的功能，对其他单元进行自主拓展。

3. 工艺流程

工艺流程既体现了项目控制要求的逻辑关系，也是指导控制站编程的依据。依据控制要求，机械手的控制关系如图 2 – 2 所示。

4. 项目总体思路

项目总体思路归纳为：制定 DCS 方案、绘制机械手控制流程图、进行设备组态、进行变量组态、用 TIA 博途软件实现机械手控制、基于组态软件实现上位机监控界面组态、进行项目调试、运行分析评价。

序号	机械手动作	条件程序	执行程序
动作0：	机械手下行	工件检测=1，左限位=1	动作0=1
动作1：	机械手夹紧	工件检测=1，左限位=1，下限位=1	动作1=1，机械手夹紧=1，机械手松开=0
动作2：	机械手上行	动作1=1，夹紧到位=1	动作2=1，动作1=0，工作检测=0
动作3：	机械手右行	动作2=1，上限位=1	动作3=1，动作2=0
动作4：	机械手下行	动作3=1，右限位=1	动作4=1，动作3=0
动作5：	机械手松开	动作4=1，下限位=1	动作5=1，动作4=0，机械手松开=1，机械手夹紧=0
动作6：	机械手上行	动作5=1	动作6=1，动作5=0
动作7：	机械手左行	动作6=1，上限位=1	动作7=1，动作6=0
动作8：	机械手下行	动作7=1，左限位=1	动作8=1，动作7=0

（a）

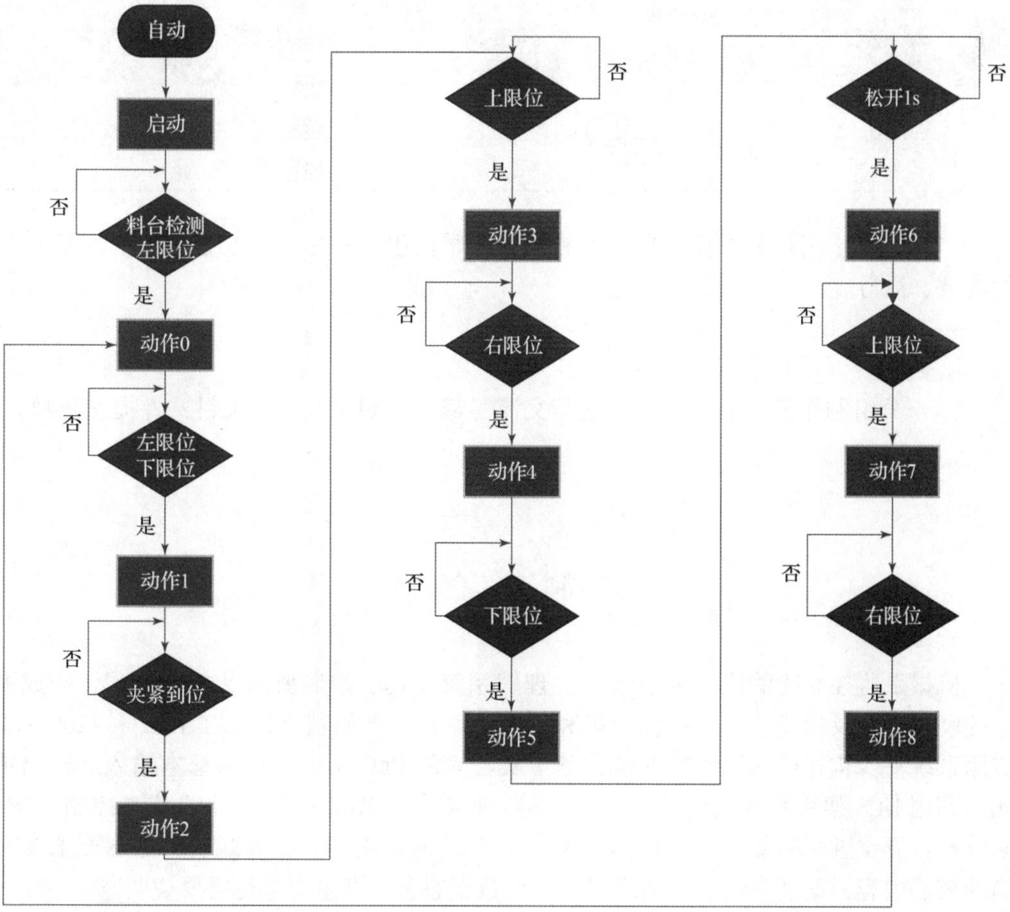

（b）

图 2-2　机械手的控制关系

（a）机械手的动作逻辑关系；（b）机械手的控制流程

2.1.2 项目任务

（1）理解项目控制要求及工艺，制定 DCS 方案。

（2）绘制机械手控制流程图。

（3）参考图 2-1，实现机械手横梁的左右往复运动；要求实现自动、手动两种控制方式；实现监控界面显示状态和往复运动的动画效果；能够基于纯仿真模式和实训平台完成项目。

（4）定义项目所需变量（操作员站、控制站）并填写表 2-1。

表 2-1 变量表

序号	名称	变量类型 （I/O 或内存）	寄存器	功能描述	备注

（5）参考本书相关内容，自主实施项目，掌握组态软件常用功能模块，完成项目的调试、运行。

（6）分组制作汇报 PPT 文件，进行交流答辩。将 PPT 文件和项目文件提交教师。

2.2 控制站（PLC）组态

机械手监控系统的实施要点包括：理解系统结构、控制要求及控制原理，完成系统的硬件配置及接线，进行系统组态和系统的调试。下面基于组态王和 S7-1200 PLC 应用系统平台构建机械手监控系统，基于实验室的 PLC 实训平台的基本输入、输出单元，利用 DCS 架构实现机械手上、下、左、右限位和循环搬运工件的基本控制要求。本节对其要点进行简要说明，具体实施由学生自主完成。下面根据项目控制要求及实施的核心内容，就硬件组态和网络组态、变量组态和程序组态进行简要说明。

2.2.1 硬件组态和网络组态

控制站（PLC）硬件组态和网络组态的方法在相关课程中已有介绍。图 2-3 所示为控制站（PLC）硬件组态部分内容。进行网络组态时注意 IP 地址，两台设备需要在同一局域网中才能进行通信，因此安装组态王软件的计算机与 PLC 的 IP 地址必须设置在同一个网段内，同时勾选"连接机制"→"允许远程 PUT/GET 访问"复选框，IP地址设置完成后，可用"ping"命令验证通信是否畅通。

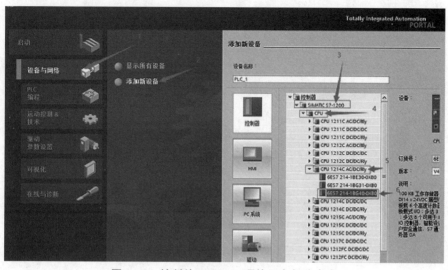

图 2-3　控制站（PLC）硬件组态部分内容

2.2.2　变量组态

如果采用现场控制方式，则工件检测传感器、限位开关、机械手手动按钮等需要真实的装置，并接入 PLC 的输入回路。为了便于控制动作的调试，工件检测传感器、限位开关、机械手手动按钮等均采用 PLC 的中间继电器 M 实现远程控制，即在监控界面模仿控制要求，相应的变量组态如图 2-4 所示。

2.2.3　程序组态

根据程序模块化的思想和自动、手动两种控制方式的要求，参考机械手的流程（图 2-2），完成程序组态工作。项目程序由主程序 Main［OB1］、自动子程序［FC1］、手动子程序［FC2］组成，它们的控制逻辑分别参考图 2-5~图 2-7。参考程序的注释，自主理解程序功能。其控制流程为：机械手下行（下限位，左限位，料台检测）→机械手夹紧（夹紧到位）→机械手上行（上限位，左限位，夹紧到位）→机械手右行（右限位，上限位，夹紧到位）→机械手下行（右限位，下限位）→机械手松开（下限位，右限位）→机械手上行（右限位，上限位）→机械手左行（上限位，左限位）→机械手复位。

2.2.4　PLC 应用系统调试

TIA 博途软件具有十分方便的调试平台，既可以用纯仿真的方式验证所开发程序的控制逻辑，也可以基于实训平台直接观察工作效果。学生根据控制要求，针对存在的问题，自主完善程序。

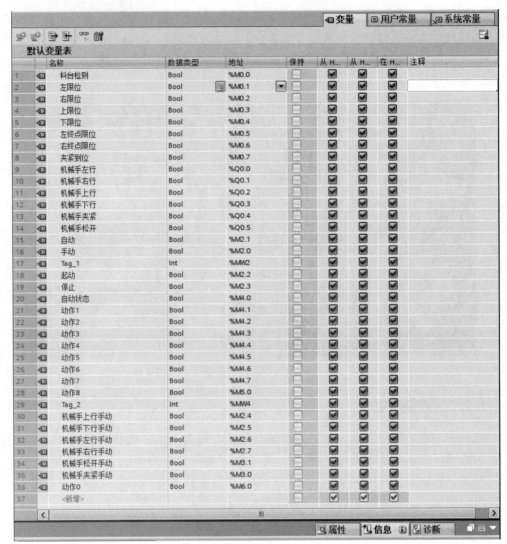

图 2 - 4　变量组态

程序段 1：自动，执行自动子程序

注释

```
  %M2.1          %FC1
  "自动"        "自动子程序"
───┤ ├───    ┌──────────────┐
             ─┤ EN      ENO ├──
             └──────────────┘
```

程序段 2：手动且非自动，执行手动子程序

注释

```
  %M2.0       %M2.1            %FC2
  "手动"      "自动"         "手动子程序"
───┤ ├────────┤/├───    ┌──────────────┐
                        ─┤ EN      ENO ├──
                        └──────────────┘
```

图 2 - 5　Main［OB1］程序

学习笔记

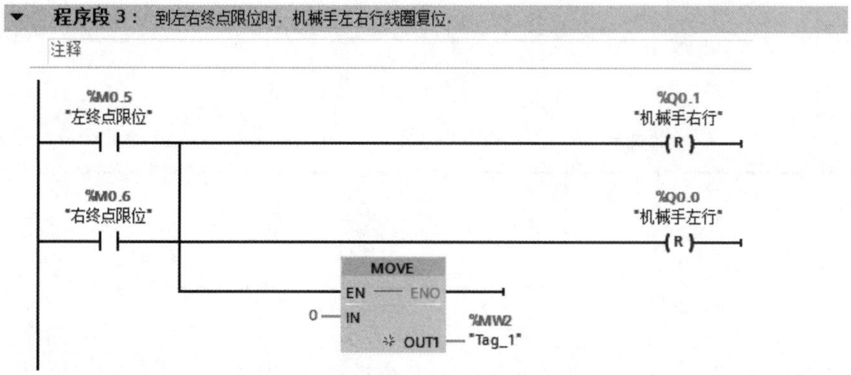
程序段 3： 到左右终点限位时，机械手左右行线圈复位。
注释
%M0.5
"左终点限位"
%Q0.1
"机械手右行"
R
%M0.6
"右终点限位"
%Q0.0
"机械手左行"
R
MOVE
EN
ENO
0
IN
OUT1
%MW2
"Tag_1"

图 2－5 Main［OB1］程序（续）

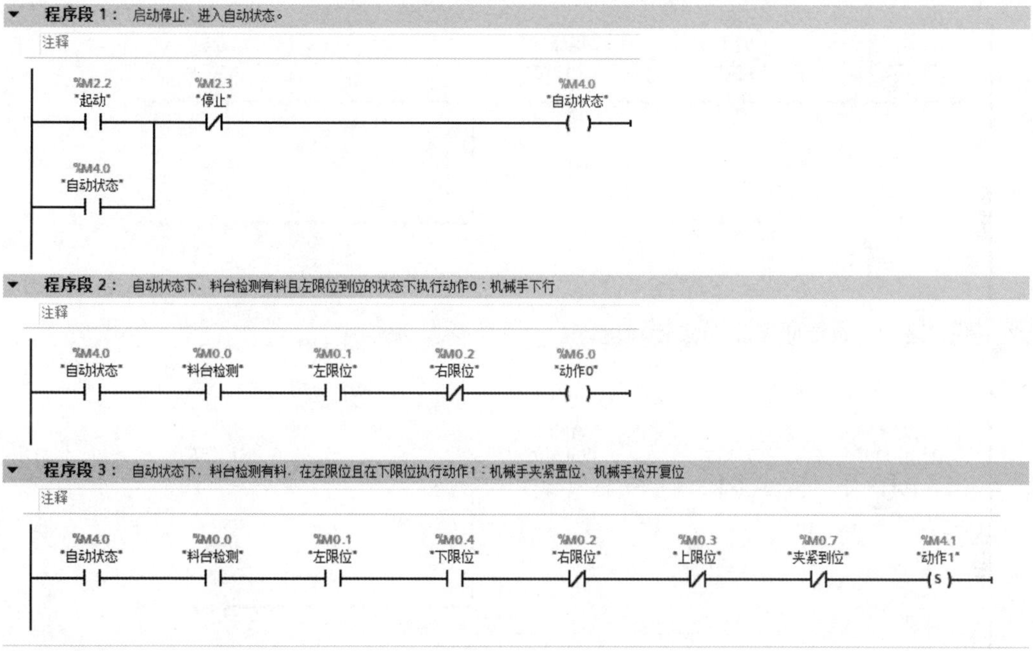
程序段 1： 启动停止，进入自动状态。
注释
%M2.2
"起动"
%M2.3
"停止"
%M4.0
"自动状态"
%M4.0
"自动状态"
程序段 2： 自动状态下，料台检测有料且左限位到位的状态下执行动作0：机械手下行
注释
%M4.0
"自动状态"
%M0.0
"料台检测"
%M0.1
"左限位"
%M0.2
"右限位"
%M6.0
"动作0"
程序段 3： 自动状态下，料台检测有料，在左限位且在下限位执行动作1：机械手夹紧置位，机械手松开复位
注释
%M4.0
"自动状态"
%M0.0
"料台检测"
%M0.1
"左限位"
%M0.4
"下限位"
%M0.2
"右限位"
%M0.3
"上限位"
%M0.7
"夹紧到位"
%M4.1
"动作1"
S

（a）

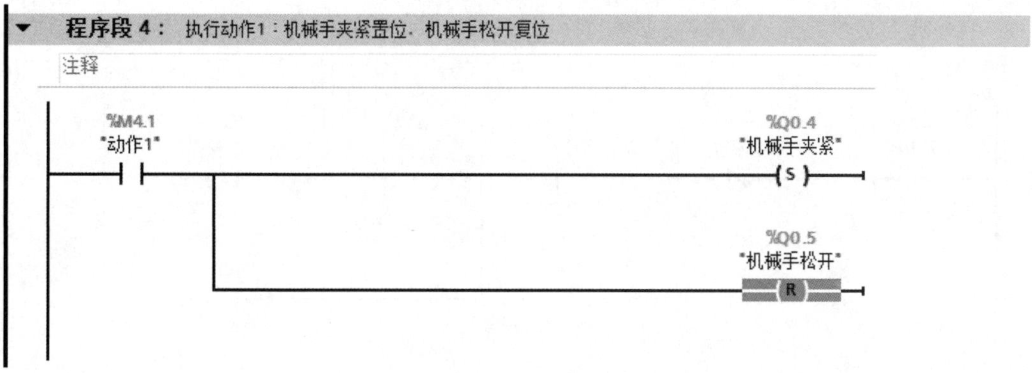
程序段 4： 执行动作1：机械手夹紧置位，机械手松开复位
注释
%M4.1
"动作1"
%Q0.4
"机械手夹紧"
S
%Q0.5
"机械手松开"
R

（b）

图 2－6 自动子程序［FC1］

（a）程序段 1～3 代码；（b）程序段 4 代码

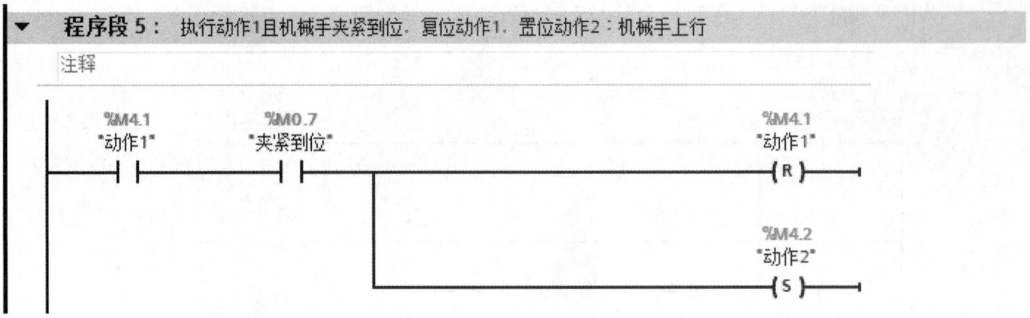

程序段 5 : 执行动作1且机械手夹紧到位，复位动作1，置位动作2：机械手上行

注释

```
  %M4.1         %M0.7                                        %M4.1
 "动作1"        "夹紧到位"                                    "动作1"
───┤ ├──────────┤ ├──────────────────────────────────────────( R )──

                                                             %M4.2
                                                            "动作2"
                                                            ──( S )──
```

(c)

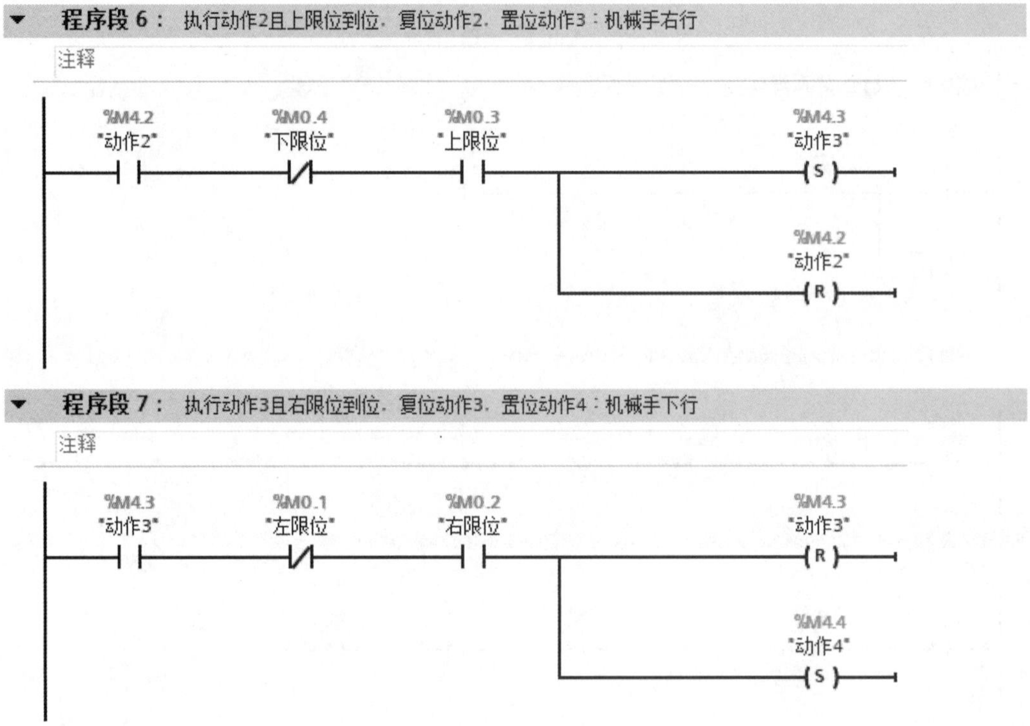

程序段 6 : 执行动作2且上限位到位，复位动作2，置位动作3：机械手右行

注释

```
  %M4.2         %M0.4         %M0.3                          %M4.3
 "动作2"        "下限位"       "上限位"                        "动作3"
───┤ ├──────────┤/├──────────┤ ├────────────────────────────( S )──

                                                             %M4.2
                                                            "动作2"
                                                            ──( R )──
```

程序段 7 : 执行动作3且右限位到位，复位动作3，置位动作4：机械手下行

注释

```
  %M4.3         %M0.1         %M0.2                          %M4.3
 "动作3"        "左限位"       "右限位"                        "动作3"
───┤ ├──────────┤/├──────────┤ ├────────────────────────────( R )──

                                                             %M4.4
                                                            "动作4"
                                                            ──( S )──
```

(d)

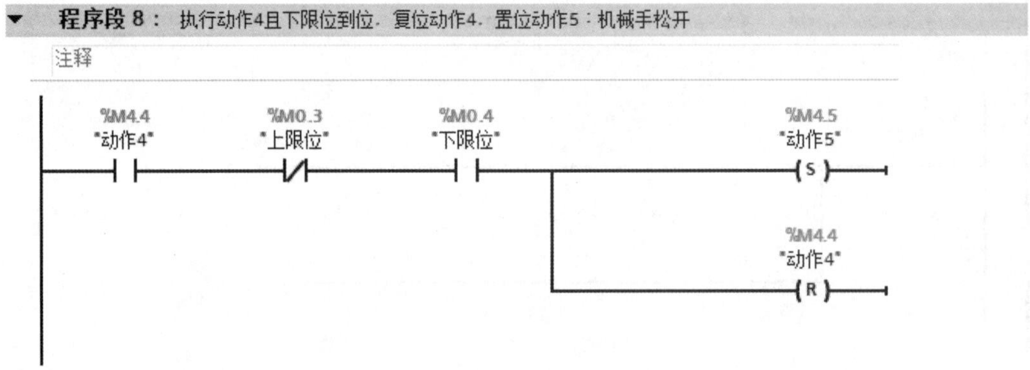

程序段 8 : 执行动作4且下限位到位，复位动作4，置位动作5：机械手松开

注释

```
  %M4.4         %M0.3         %M0.4                          %M4.5
 "动作4"        "上限位"       "下限位"                        "动作5"
───┤ ├──────────┤/├──────────┤ ├────────────────────────────( S )──

                                                             %M4.4
                                                            "动作4"
                                                            ──( R )──
```

(e)

图 2 - 6　自动子程序［FC1］（续）

（c）程序段 5 代码；（d）程序段 6、7 代码；（e）程序段 8 代码

学习笔记

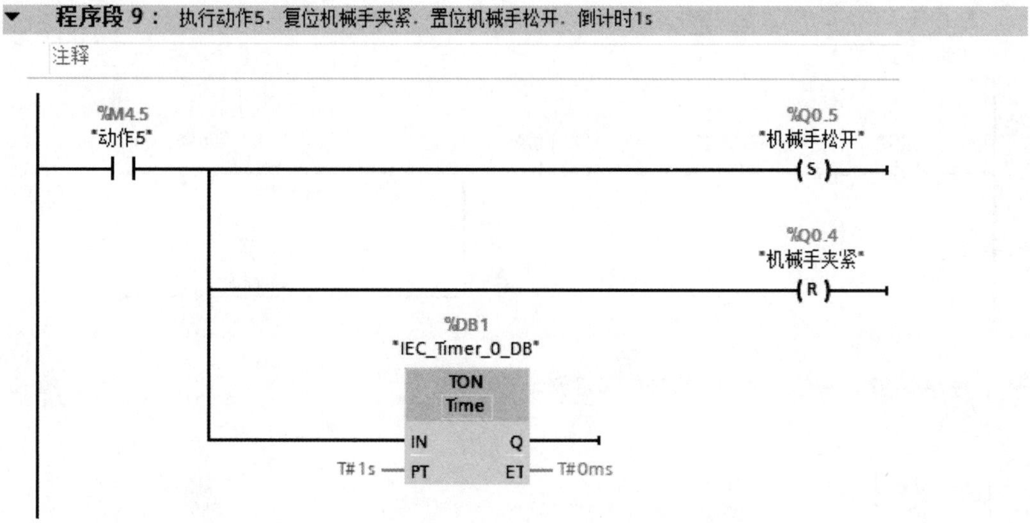
程序段 9： 执行动作5，复位机械手夹紧，置位机械手松开，倒计时1s
注释
%M4.5
"动作5"
%Q0.5
"机械手松开"
S
%Q0.4
"机械手夹紧"
R
%DB1
"IEC_Timer_0_DB"
TON
Time
IN
Q
T#1s
PT
ET
T#0ms

（f）

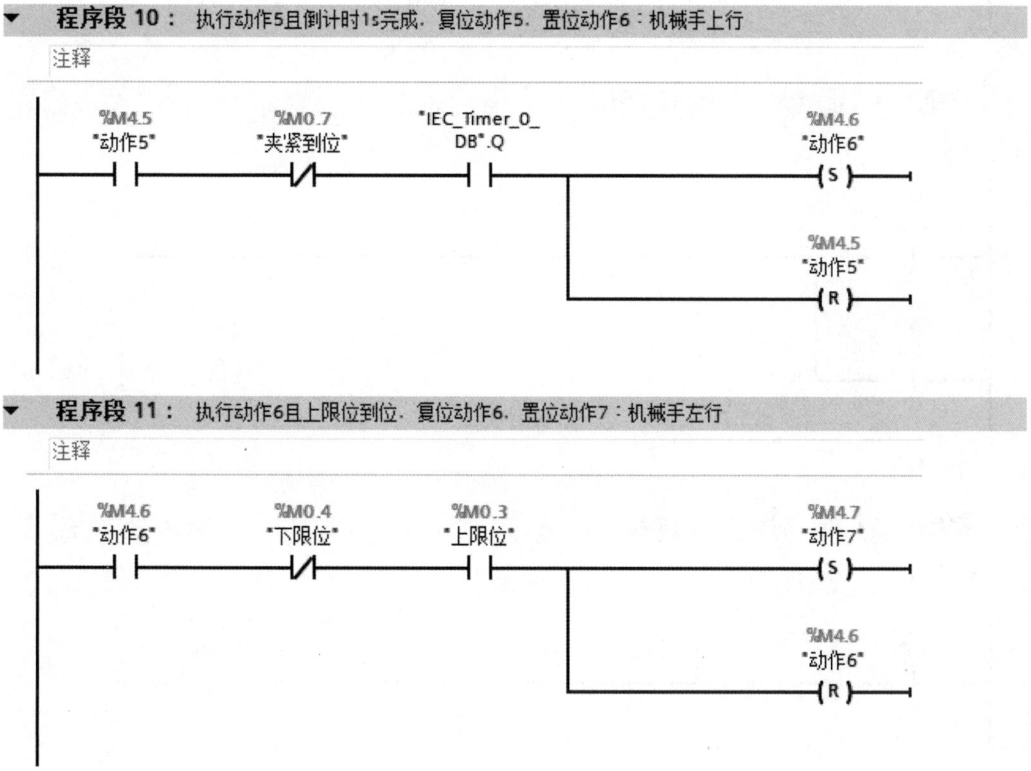
程序段 10： 执行动作5且倒计时1s完成，复位动作5，置位动作6：机械手上行
注释
%M4.5
"动作5"
%M0.7
"夹紧到位"
"IEC_Timer_0_
DB".Q
%M4.6
"动作6"
S
%M4.5
"动作5"
R
程序段 11： 执行动作6且上限位到位，复位动作6，置位动作7：机械手左行
注释
%M4.6
"动作6"
%M0.4
"下限位"
%M0.3
"上限位"
%M4.7
"动作7"
S
%M4.6
"动作6"
R

（g）

图 2－6　自动子程序［FC1］（续）

（f）程序段 9 代码；（g）程序段 10、11 代码

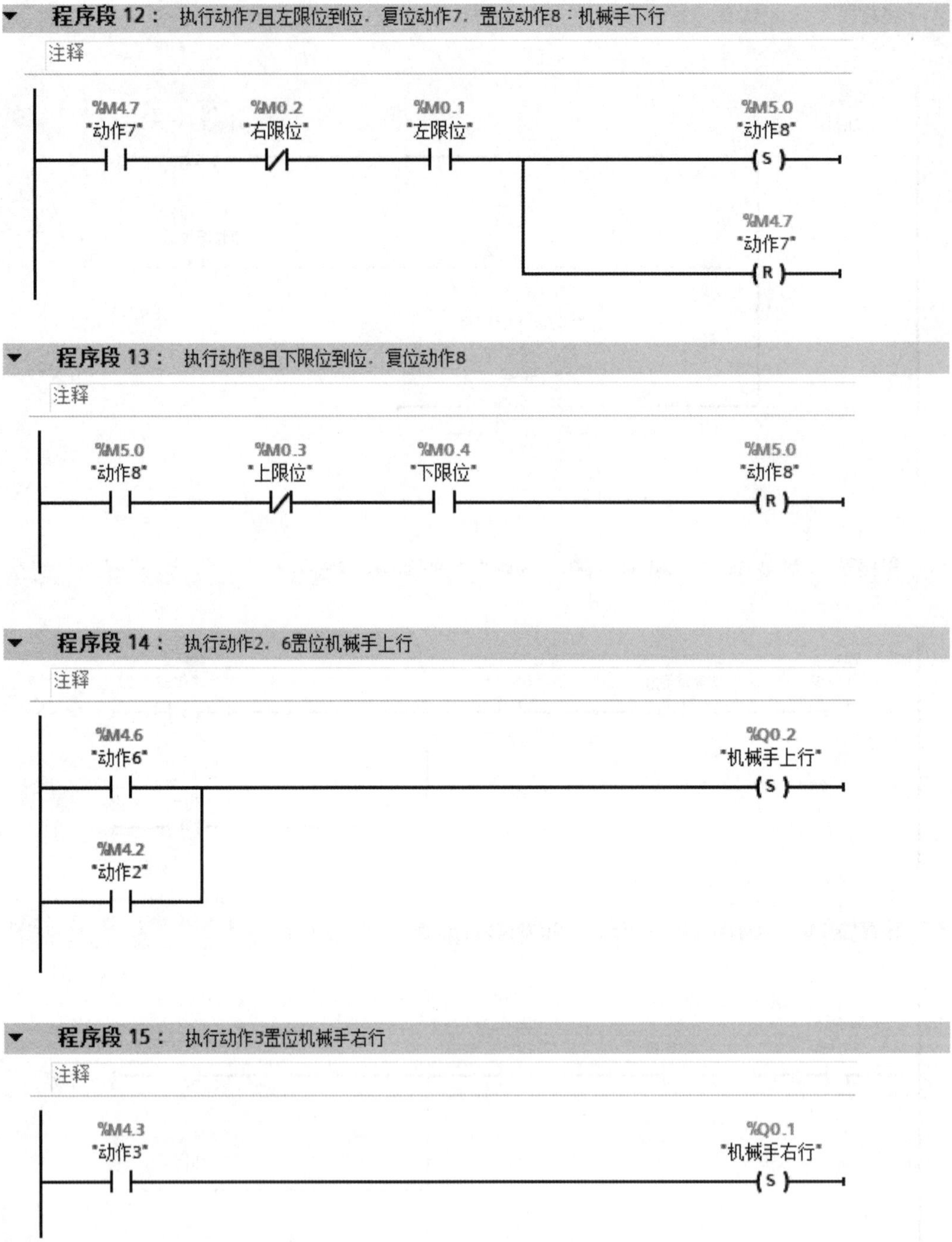

程序段 12： 执行动作7且左限位到位，复位动作7，置位动作8：机械手下行

注释

```
  %M4.7          %M0.2          %M0.1                          %M5.0
  "动作7"         "右限位"        "左限位"                        "动作8"
───┤├───────────┤/├───────────┤├──────────┐                   ─( S )─
                                           │
                                           │                   %M4.7
                                           │                   "动作7"
                                           └───────────────────( R )─
```

程序段 13： 执行动作8且下限位到位，复位动作8

注释

```
  %M5.0          %M0.3          %M0.4                          %M5.0
  "动作8"         "上限位"        "下限位"                        "动作8"
───┤├───────────┤/├───────────┤├────────────────────────────( R )─
```

程序段 14： 执行动作2，6置位机械手上行

注释

```
  %M4.6                                                        %Q0.2
  "动作6"                                                      "机械手上行"
───┤├──────────┐                                              ─( S )─
               │
  %M4.2        │
  "动作2"       │
───┤├──────────┘
```

程序段 15： 执行动作3置位机械手右行

注释

```
  %M4.3                                                        %Q0.1
  "动作3"                                                     "机械手右行"
───┤├────────────────────────────────────────────────────────( S )─
```

(h)

图 2-6 自动子程序 [FC1]（续）

(h) 程序段 12~15 代码

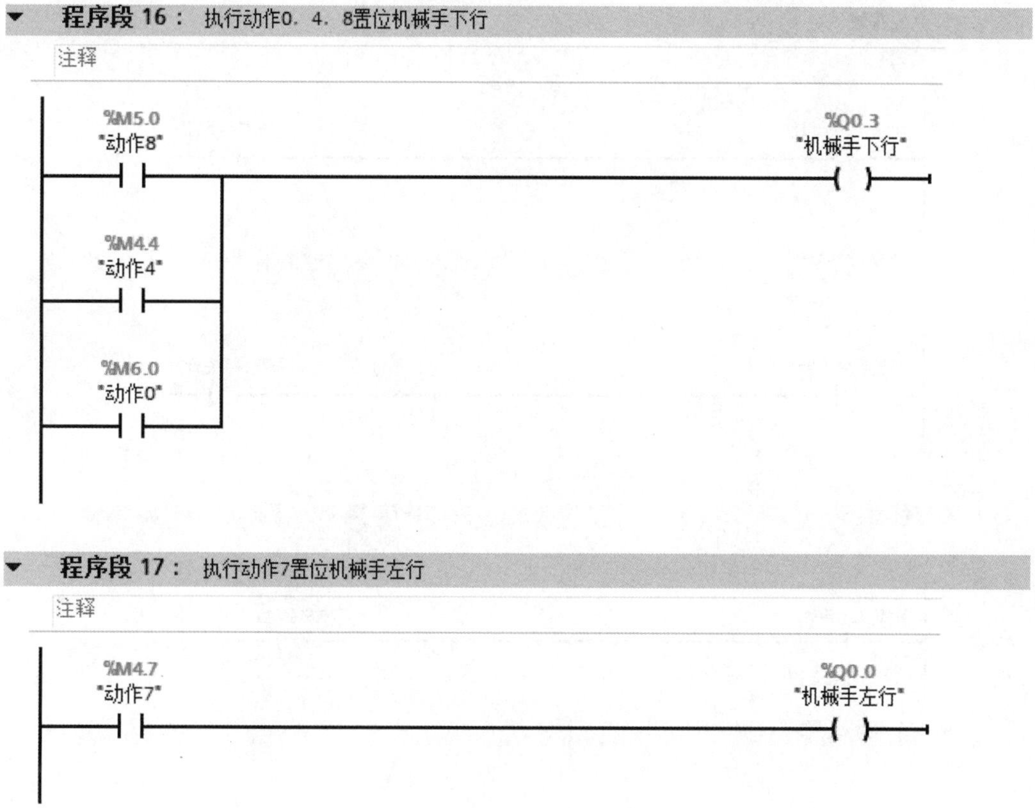

程序段 16： 执行动作0. 4. 8置位机械手下行

注释

```
    %M5.0                                              %Q0.3
    "动作8"                                          "机械手下行"
    ┤ ├────┬───────────────────────────────────────┤ ┤──┤
            │
    %M4.4   │
    "动作4"  │
    ┤ ├────┤
            │
    %M6.0   │
    "动作0"  │
    ┤ ├────┘
```

程序段 17： 执行动作7置位机械手左行

注释

```
    %M4.7                                              %Q0.0
    "动作7"                                          "机械手左行"
    ┤ ├──────────────────────────────────────────────┤ ┤──┤
```

（i）

图 2 – 6   自动子程序［FC1］（续）

（i）程序段 16、17 代码

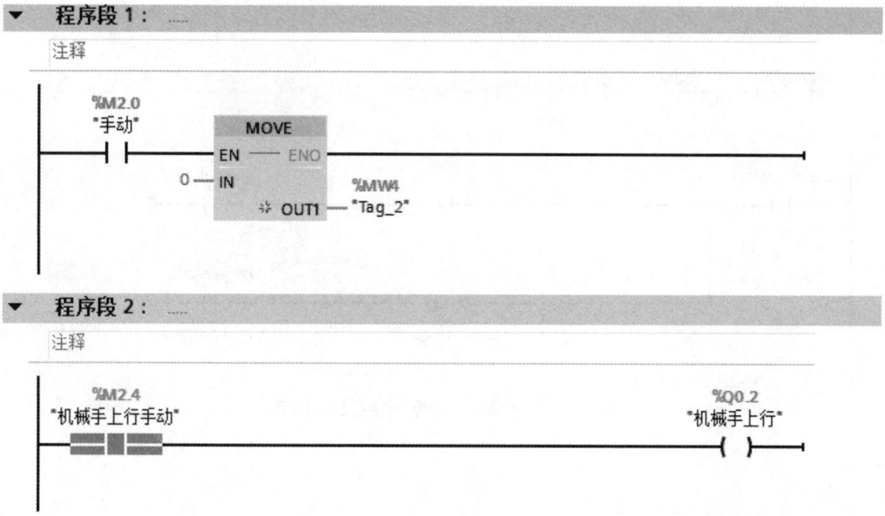

程序段 1： .....

注释

```
    %M2.0
    "手动"          ┌─── MOVE ───┐
    ┤ ├───────────┤ EN     ENO ├──────────────────────────
              0 ──┤ IN             %MW4
                  │      ✱ OUT1 ─ "Tag_2"
                  └────────────┘
```

程序段 2： .....

注释

```
    %M2.4                                              %Q0.2
    "机械手上行手动"                                   "机械手上行"
    ┤ ▮▮ ▮ ├─────────────────────────────────────────┤ ┤──┤
```

（a）

图 2 – 7   手动子程序［FC2］

（a）程序段 1、2 代码

程序段 3： ……

注释

```
%M2.5                                          %Q0.3
"机械手下行手动"                                "机械手下行"
    | |                                          ( )
```

程序段 4： ……

注释

```
%M2.6                                          %Q0.0
"机械手左行手动"                                "机械手左行"
    | |                                          ( )
```

（b）

程序段 5： ……

注释

```
%M2.7                                          %Q0.1
"机械手右行手动"                                "机械手右行"
    | |                                          ( )
```

程序段 6： ……

注释

```
%M3.1                                          %Q0.5
"机械手松开手动"                                "机械手松开"
    | |                                          (S)

                                               %Q0.4
                                               "机械手夹紧"
                                               (R)
```

程序段 7： ……

注释

```
%M3.0                                          %Q0.4
"机械手夹紧手动"                                "机械手夹紧"
    | |                                          (S)

                                               %Q0.5
                                               "机械手松开"
                                               (R)
```

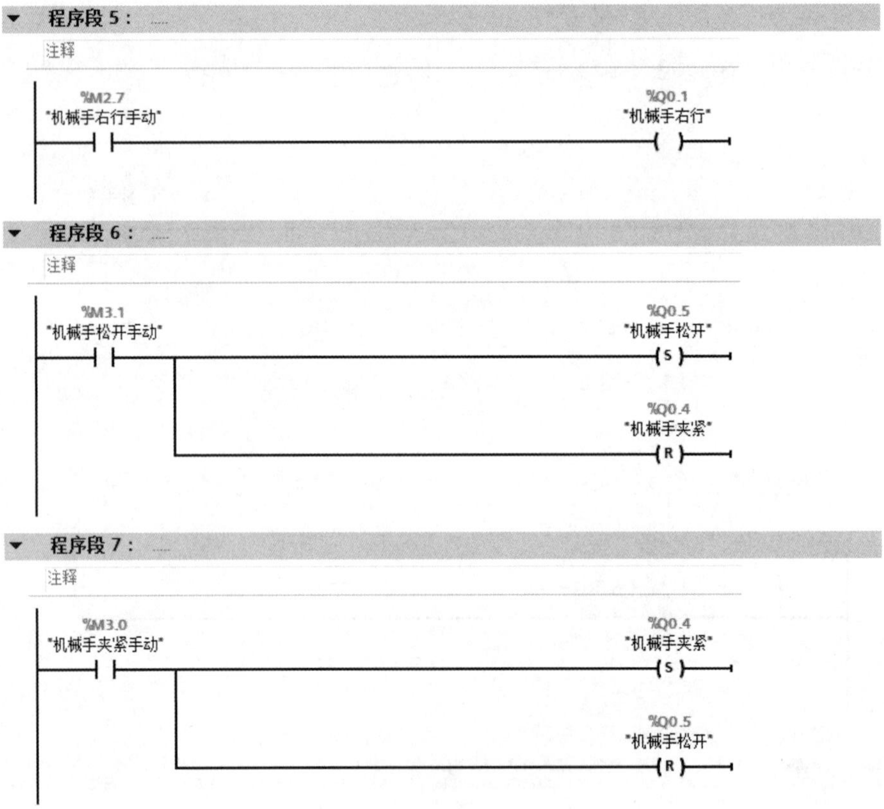

（c）

图 2 - 7　手动子程序 ［FC2］（续）

（b）程序段 3、4 代码；（c）程序段 5～7 代码

2.3　操作员站组态

操作员站组态根据所选用的组态软件不同存在一定的区别，本项目基于组态王

7.5，采用其他组态软件的组态方法类似。操作员站组态主要包括工程的建立、设备组态、变量组态、监控界面组态和脚本编程等内容，下面对它们进行简要说明。

2.3.1 工程的建立

（1）打开组态王 7.5 组态环境。单击"开始"菜单，选择"开始"→"所有程序"→"组态王 7.5"选项，打开"工程管理器"，如图 2 – 8 所示。也可双击桌面上的快捷方式图标"组态王 7.5"，打开"工程管理器"。

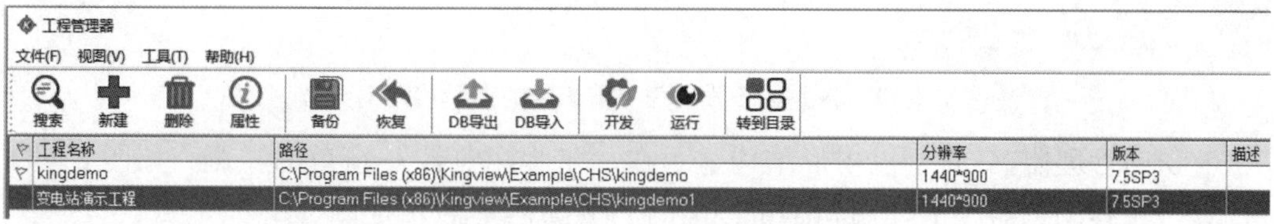

工程名称	路径	分辨率	版本	描述
▽ kingdemo	C:\Program Files (x86)\Kingview\Example\CHS\kingdemo	1440*900	7.5SP3	
变电站演示工程	C:\Program Files (x86)\Kingview\Example\CHS\kingdemo1	1440*900	7.5SP3	

图 2 – 8 "工程管理器"

"工程管理器"用于建立新工程，对添加到"工程管理器"的工程进行统一的管理。"工程管理器"的主要功能包括新建、删除工程，对工程重命名，搜索组态王工程，修改工程属性，备份、恢复工程，导入/导出数据词典，切换到开发或运行环境等。

（2）新建工程。选择"文件"→"新建工程"命令，弹出图 2 – 9 所示的对话框。

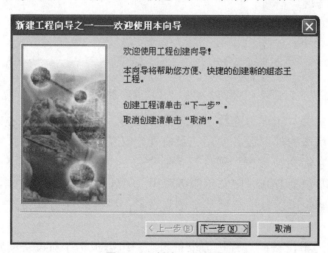

图 2 – 9 新建工程向导

根据新建工程向导的提示，逐一完成相关操作。输入新建工程的名称及对工程的描述。完成新建工程的操作后，弹出图 2 – 10 所示提示信息对话框。对于"工程管理器"中的多个工程项目，可选择其中之一作为目前开发或运行的工程项目。

2.3.2 设备组态

新建工程后，在"工程管理器"中，选择新建工程，单击鼠标右键，选择"开发"命令，打开"工程浏览器"。"工程浏览器"是组态王 7.5 的集成开发环境，可以看到工程的各个组成部分，包括"Web""文件""数据库""设备""系统配置"

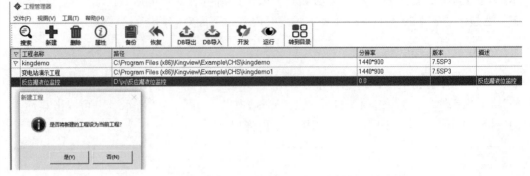

图 2 – 10　将新建工程设为当前工程的提示信息对话框

"SQL 访问管理器"，它们以树形结构显示在"工程浏览器"窗口的左侧，如图 2 – 11 所示。"工程浏览器"的使用和 Windows 的"资源管理器"类似。

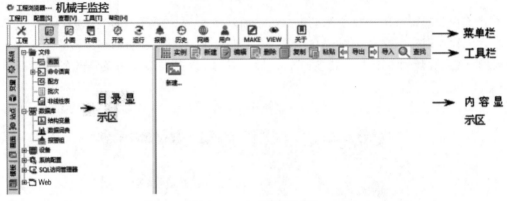

图 2 – 11　"工程浏览器"

组态王 7.5 采用"工程浏览器"管理硬件设备，把那些需要与之交换数据的硬件设备或软件程序都作为外部设备使用，只有在定义了外部设备之后，组态王 7.5 才能通过 I/O 变量和它们交换数据。硬件设备通常包括 PLC、仪表、模块、变频器、板卡等，软件程序通常包括 DDE、OPC 等服务程序。另外，为了方便软件学习，组态王 7.5 自带仿真设备，学生可以自主尝试基于仿真设备，用纯软件仿真的方式实施项目控制工艺。

定义所需的逻辑设备的过程称为设备组态。组态王 7.5 对设备的管理是通过用户所定义的逻辑设备名称实现的，即每一个实际 I/O 设备都必须在组态王 7.5 中指定一个唯一的逻辑设备名称。组态王 7.5 中的 I/O 变量与具体 I/O 设备的数据交换就是通过逻辑设备名称实现的。当工程人员在定义 I/O 变量属性时，需要指定与该 I/O 变量进行数据交换的逻辑设备名称。下面介绍设备组态的基本步骤。

（1）进入设备组态界面。在"工程浏览器"中选择设备标签中的"COM1"，双击右侧窗口中的"新建"图标，弹出图 2 – 12 所示的对话框，根据项目要求选择所需的 PLC 设备。

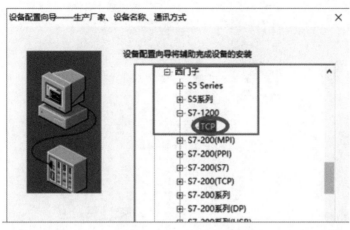

图 2-12 选择设备类型对话框

（2）PLC 设备命名。选择好所需 PLC 设备后，单击"下一步"按钮，为 PLC 设备指定唯一的逻辑名称，如图 2-13 所示。

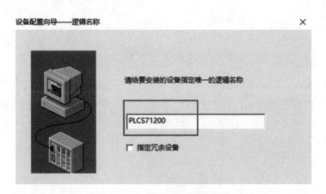

图 2-13 为 PLC 设备命名

（3）定义端口和 IP 地址。为 PLC 设备选择连接的串口为 COM1，输入 PLC 设备的 IP 地址，如图 2-14 所示。特别注意：组态王 7.5 的计算机与 PLC 设备的 IP 地址必须设置在同一个网段内，为此对计算机网卡的 IP 地址进行相应修改，确保计算机能够 ping 通 PLC 设备。根据向导提示逐步操作，设置通信故障恢复参数，一般默认即可，最后弹出系统信息总结窗口。另外，对所定义的 PLC 设备可以进行测试，以验证组态王 7.5 与 PLC 设备是否通信正常，如图 2-15 所示。

2.3.3 变量组态

1. 变量常识

在组态王 7.5 "工程浏览器"中提供了"数据库"选项供用户定义变量，数据库是组态王 7.5 最为核心的部分。在运行系统中，工业现场的生产状况要以动画的形式反映在屏幕上，操作员在计算机发布的指令也要迅速送达生产工业现场，所有这一切

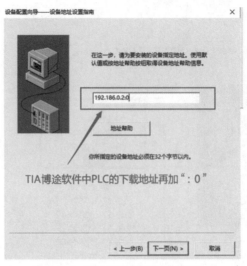

图 2-14　输入 PLC 设备的 IP 地址

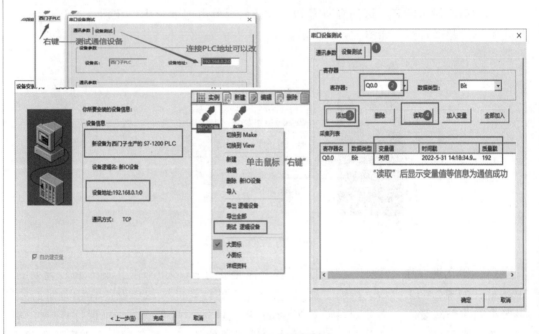

图 2-15　PLC 设备测试

都以实时数据库为核心，即数据库是联系上位机和下位机的桥梁。数据库中变量的集合被形象地称为"数据词典"，数据词典记录了所有用户可使用的数据变量的详细信息。数据词典中存放的是应用工程中定义的变量以及系统变量。

数据库是整个应用系统的核心，是构建分布式应用系统的基础，负责整个系统的实时数据处理、历史数据存储、统计数据处理、报警信息处理和数据服务请求处理；而数据库通过变量方式实现功能组合及数据关联。

在组态王 7.5 中，变量包括系统变量和用户定义的变量，变量的基本类型分为两类：I/O 变量和内存变量。I/O 变量是指可与外部数据采集程序/设备直接进行数据交换的变量，如下位机数据采集设备 PLC，此种变量的数据交换具有双向的、动态的特征；内存变量是指那些不需要和其他应用程序交换数据，也不需要从下位机得到数据，只在工程项目内使用的变量，如计算过程的中间变量。

2. 基本变量的定义

内存离散、内存实型、内存长整型、内存字符串、I/O 离散、I/O 实型、I/O 长整型、I/O 字符串，这 8 种基本类型的变量通过"定义变量"对话框定义其相关属性。另外，结构变量、变量组、变量域、变量导入与导出、变量删除等相关功能应用需参考帮助文档及后续项目学习。下面对变量的"基本属性"的有关选项进行简要说明。

（1）变量名。变量名是唯一标识一个应用程序中数据变量的名字，同一应用程序中的数据变量不能重名。数据变量名区分大小写，最长不能超过 31 个字符。单击编辑框的任何位置可进入编辑状态，工程员此时可以输入变量名，变量名可以使用汉字或英文字符，第一个字符不能是数字。其命名规则：变量名不能与组态王 7.5 中现有的变量名、函数名、关键字、构件名称等重复；变量名的首字符不能为数字等非法字符，中间不允许有空格、算术符号等非法字符存在；变量名长度不能超过 31 个字符。

（2）变量类型。可以从"定义变量"对话框中选择 8 种基本类型中的一种，"变量类型"下拉列表列出了可供选择的数据类型。当定义有结构模板时，一个结构模板就是一种变量类型。

（3）描述。描述即变量的描述信息。例如，若想在报警窗口中显示某变量的描述信息，可在定义变量时，在"描述"编辑框中输入适当说明，并在报警窗口中加上描述项，则在运行系统的报警窗口中可看见该变量的描述信息，描述信息最长不超过 39 个字符。

（4）变化灵敏度。数据类型为模拟量或整型时此项有效。只有当该数据变量值的变化幅度超过变化灵敏度时，组态王 7.5 才更新与之连接的画面显示。变化灵敏度的默认值为 0。

（5）最小值。最小值指该变量值（工程量）在数据库中的下限。

（6）最大值。最大值指该变量值（工程量）在数据库中的上限。

（7）最小原始值。变量为 I/O 模拟变量时，驱动程序中输入原始模拟值（I/O 变量对应存储单元处理后）的下限。

（8）最大原始值。变量为 I/O 模拟变量时，驱动程序中输入原始模拟值（I/O 变量对应存储单元处理后）的上限。

（9）保存参数。在系统运行时，如果变量的域（可读可写型）值发生了变化，则在系统退出运行时，系统自动保存该值。系统再次启动运行后，变量的初始域值为上次系统退出运行时保存的值。

（10）保存数值。系统运行时，如果变量的值发生了变化，则在系统运行退出时，系统自动保存该值。系统再次启动运行后，变量的初始值为上次系统退出运行时保存的值。

（11）初始值。初始值与所定义的变量类型有关。定义模拟量时在编辑框中可输入一个数值，定义离散量时出现开或关两种选择，定义字符串变量时在编辑框中可输入字符串，它们规定了系统开始运行时变量的初始值。

（12）连接设备。连接设备只对 I/O 型变量起作用，工程师只需从"连接设备"下拉列表中选择相应的设备即可（事先已定义的逻辑设备）。此列表所列出的连接设备名称是组态王 7.5 中已安装的逻辑设备名称。用户要想使用自己的 I/O 设备，首先单击"连接设备"按钮，则"变量属性"对话框自动变成小图标出现在屏幕左下角，同时弹出"设备配置向导"对话框，工程师根据向导完成相应设备的安装，当关闭"设备配置向导"对话框时，"变量属性"对话框又自动弹出；工程师也可以直接在设备管理中定义自己的逻辑设备名称。

（13）寄存器。该项内容指定要与组态王 7.5 定义的变量进行连接通信的寄存器符号及序号，该寄存器与工程师指定的连接设备有关，具体参考组态王 7.5 的驱动帮助文档。

（14）转换方式。该项内容规定了 I/O 模拟量输入原始值到变量数据库使用值的转换方式。转换方式有线性转换、开方转换、非线性表、累计转换等类型，转换方式不仅直接关系到控制站相关寄存器单元数据化规格编程，也是变量组态时正确处理原始值与工程量关系的基础。

所谓线性转换，就是将设备中寄存器单元的值与工程值按照固定的比例关系进行转换。在"定义变量"对话框的"最大值""最小值"编辑框中输入变量工程值的范围，在"最大原始值""最小原始值"编辑框中输入设备中转换后的数字量值的范围，则系统运行时，按照指定的量程范围进行自动转换，得到当前实际的工程值。在控制站编程和工程师站组态变量时，I/O 模拟变量转换至关重要。PLC 中的 PID 指令的回路参数表及组态变量线性关系的正确处理是项目 3 中 PID 单回路控制的基础。

设 PLC 的 A/D 输入模块连接的温度传感器在 0 ℃时对应 4 mA 电流，在 100 ℃时对应 20 mA 电流。如果在变量基本属性定义时输入如下数值——最小原始值 = 0，最小值 = 4，最大原始值 = 100，最大值 = 20，则其转换比例 =（20 − 4）/（100 − 0）= 0.16。如果温度传感器的原始值为 10 mA，则内部使用的工程值为 10 × 0.16 = 16（℃）。

（15）数据类型。该项内容只对 I/O 型变量起作用，定义变量对应的寄存器的数据类型。共有 9 种数据类型供用户使用，分别是 Bit、Byte、Short、UShort、BCD、Long、LongBCD、Float、String，使用时需要特别注意它们对应的数据范围。

（16）采集频率。采集频率用于定义数据变量的采样频率，与组态王 7.5 的基准频率设置有关。当采集频率为 0 时，只要组态王 7.5 中的变量值发生变化，就会进行写操作；当采集频率不为 0 时，会按照采集频率周期性地输出值到设备。

（17）读写属性。该项内容用于定义数据变量的读写属性，工程师可根据需要定义变量为"只读"属性、"只写"属性、"读写"属性，I/O 输入量定义为"只读"属性，I/O 输出量定义为"只写"属性，监控界面上可人为改变的变量定义为"读写"属性。

3. 变量定义案例

根据前面的机械手监控系统变量表，分别定义操作员站所需变量。本项目只需对变量的"基本属性"进行定义，至于"报警定义"和"记录和安全区"在后续项目介绍。这里以"料台检测"变量为例进行介绍。在"工程浏览器"中选择数据库标签中的"数据词典"，在右侧双击"新建"图标，弹出"定义变量"对话框，如图 2 − 16 所示。

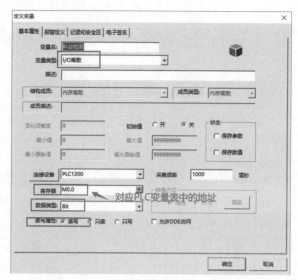

图 2 - 16 "料台检测"变量定义示意

根据项目监控要求,结合控制站变量组态结论,操作员站变量组态结果如图 2 - 17 所示,有关变量说明见表 2 - 2、表 2 - 3,学生根据表 2 - 2、表 2 - 3 自主完成操作员 站变量组态。

图 2 - 17 操作员站变量组态结果

表 2 - 2 操作员站的内存型变量说明

变量 ID	变量名	初始值	最小值	最大值	备注(内存整型)
21	N	0	0	999 999 999	动画引导变量
22	机械手垂直移动	0	0	999 999 999	—
23	机械手水平移动	0	0	999 999 999	—
24	手指旋转	0	0	999 999 999	—
25	工件水平移动	0	0	999 999 999	—
26	工件垂直移动	0	0	999 999 999	—

表 2 - 3 操作员站的 I/O 型变量说明

变量 ID	变量名	初始值	寄存器名称	数据类型	读写属性	备注
27	料台检测	关	M0.0	Bit	读写	可用 I 寄存器
28	左限位	关	M0.1	Bit	读写	可用 I 寄存器

变量 ID	变量名	初始值	寄存器名称	数据类型	读写属性	备注
29	右限位	关	M0.2	Bit	读写	可用 I 寄存器
30	上限位	关	M0.3	Bit	读写	可用 I 寄存器
31	下限位	关	M0.4	Bit	读写	可用 I 寄存器
32	左终点限位	关	M0.5	Bit	读写	可用 I 寄存器
33	右终点限位	关	M0.6	Bit	读写	可用 I 寄存器
34	机械手左行	关	Q0.0	Bit	读写	—
35	机械手右行	关	Q0.1	Bit	读写	—
36	机械手上行	关	Q0.2	Bit	读写	—
37	机械手下行	关	Q0.3	Bit	读写	—
38	机械手夹紧	关	Q0.4	Bit	读写	—
39	机械手松开	关	Q0.5	Bit	读写	—
40	手动	关	M2.0	Bit	读写	可用 I 寄存器
41	自动	关	M2.1	Bit	读写	可用 I 寄存器
42	起动	关	M2.2	Bit	读写	可用 I 寄存器
43	停止	关	M2.3	Bit	读写	可用 I 寄存器
44	机械手手动上行	关	M2.4	Bit	读写	可用 I 寄存器
45	机械手手动下行	关	M2.5	Bit	读写	可用 I 寄存器
46	机械手手动左行	关	M2.6	Bit	读写	可用 I 寄存器
47	机械手手动右行	关	M2.7	Bit	读写	可用 I 寄存器
48	机械手手动夹紧	关	M3.0	Bit	读写	可用 I 寄存器
49	机械手手动松开	关	M3.1	Bit	读写	可用 I 寄存器
50	机械手夹紧到位	关	M0.7	Bit	读写	可用 I 寄存器
51	自动状态	关	M4.0	Bit	读写	可用 I 寄存器
52	动作 1	关	M4.1	Bit	读写	可用 I 寄存器
53	动作 2	关	M4.2	Bit	读写	可用 I 寄存器
54	动作 3	关	M4.3	Bit	读写	可用 I 寄存器
55	动作 4	关	M4.4	Bit	读写	可用 I 寄存器
56	动作 5	关	M4.5	Bit	读写	可用 I 寄存器
57	动作 6	关	M4.6	Bit	读写	可用 I 寄存器

变量 ID	变量名	初始值	寄存器名称	数据类型	读写属性	备注
58	动作 7	关	M4.7	Bit	读写	可用 I 寄存器
59	动作 8	关	M5.0	Bit	读写	可用 I 寄存器

2.3.4 监控界面组态

1. 监控界面常识

监控界面是操作员站实现集中显示、集中操作、集中管理的人机交互接口，监控界面是否形象、友好、实用是用户衡量 DCS 优劣的重要指标之一。组态王 7.5 画面开发系统内嵌于"工程浏览器"，又称为界面开发系统，是应用程序的集成开发环境，工程师在这个环境中进行系统开发。监控界面既可由简单的图素组成，也可由功能强大的控件组成，监控界面的组态分为静态画面制作和动画连接两个阶段。

监控画面坐标系规定为屏幕的左上角为 (0,0)，坐标系的单位为像素。图像的坐标以左上角定位，在工具箱的有关栏目中可看到图像的坐标及其水平方向和垂直方向的布局。

2. 新建画面

在"工程浏览器"中，新建画面的方法有 3 种：在"系统"标签页的"画面"选项下新建画面、在"画面"标签页中新建画面、在"开发系统"中选择"文件"→"新画面"命令新建画面。进入组态王 7.5 开发系统后，就可以为每个工程建立数目不限的画面，在每个画面上生成互相关联的静态或动态图形对象；另外，使用"画面属性"命令可进行画面位置、画面风格、画面类型选项的设置工作。

在"工程浏览器"中选择"文件"→"画面"选项，将会出现图 2－18 所示的窗口。双击右侧窗口中的"新建"图标，弹出图 2－19 所示的对话框。在"画面名称"框中输入新的画面名称，如"主监控界面"，其他属性目前不用更改。单击"确定"按钮进入内嵌的组态王 7.5 画面开发系统。

3. 画面图素

组态王 7.5 的工具箱经过精心设计，把使用频率较高的命令集中在一块面板上。工具箱提供了许多常用的菜单命令，也提供了菜单中没有的一些操作。工具箱中的每个工具按钮都有"浮动提示"，帮助用户了解各工具的用途。

开发系统中的图形对象又称为图素，开发系统提供了矩形（圆角矩形）、直线、折线、椭圆（圆）、扇形（弧形）、点位图、多边形（多边线）、立体管道、文本等简单图素对象，利用这些简单图素对象可以构造复杂的图形画面。开发系统还提供了按钮、实时（历史）趋势曲线窗口、报警窗口、报表窗口等特殊的复杂图素对象以及图库，这些特殊的复杂图素把工程师从重复的图形编程中解放出来，使其更专注于对象的控制。下面对于简单图素对象以"圆角矩形"为例，对于复杂图素以"退出"按钮为例介绍其使用方法。

图 2 - 18　画面组态窗口

图 2 - 19　"新画面"对话框

1）"圆角矩形"图标组态

单击工具箱中的"圆角矩形"按钮，在动画组态界面上画一个矩形框，用鼠标拖动矩形框，可改变其大小。选中该矩形框，利用"工具"菜单中的"调色板"选择所需的填充色，设置矩形框的颜色属性；利用过渡色工具，结合线条色、填充色、背景色进行设置，增添立体效果；另外，还可实现动画填充，如图 2 - 20所示。

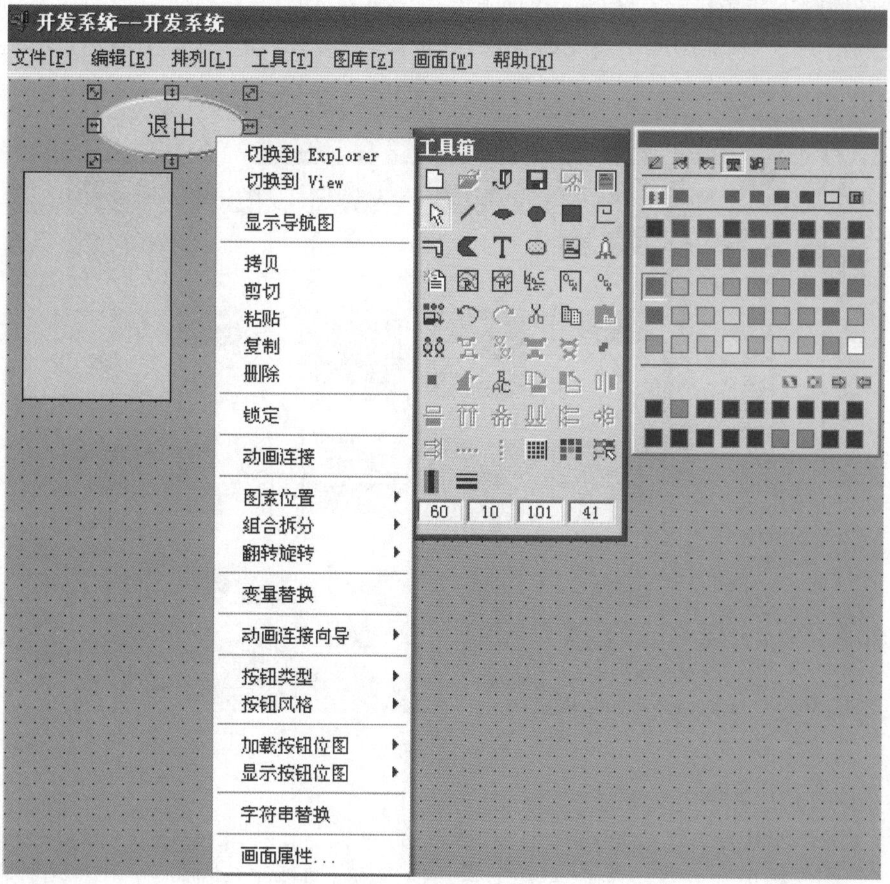

图 2-20 "圆角矩形"图标组态

2)"退出"按钮组态

单击工具箱中的"按钮"图标,在动画组态界面上画一个"按钮"图标,用鼠标拖动"按钮"图标,可改变其大小。选中"按钮"图标,单击鼠标右键,选择"按钮类型""字符串替换"选项,分别修改为所需"退出"字符串标识,如图 2-20 所示。双击"按钮"图标,进入动画连接界面,选择"命令语言连接"→"按下时"选项;在命令语言编程界面中,输入"exit(0)",关于 exit() 函数的应用参考函数帮助文档。当组态监控系统运行时,单击此"退出"按钮,组态监控系统退出运行状态。

4. 图库

1)"图库管理器"

图库是指组态王 7.5 提供的已制作成型的图素组合,图库中的每个成员称为"图库精灵"。使用图库开发工程界面至少有三方面的好处:一是降低了工程师设计界面的难度,使他们能更加集中精力于维护数据库和增强软件内部的逻辑控制,缩短开发周期;二是用图库开发的软件具有统一的外观,方便操作员学习和掌握;三是利用图库的开放性,工程师可以生成自己的图库元素,实现"一次构造,随处使用",提高开发效率。

为了便于用户更好地使用图库,组态王 7.5 提供了"图库管理器","图库管理器"

集成了图库管理的操作，在统一的界面上完成"新建图库""更改图库名称""加载用户开发的精灵""删除图库精灵"等操作。"图库管理器"如图2-21所示。

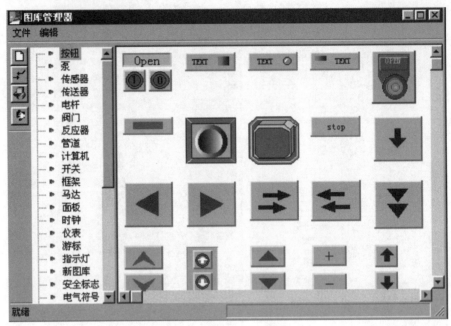

图2-21 "图库管理器"

2）图库精灵概况

图库中的元素称为"图库精灵"，之所以称其为"精灵"，是因为它们具有自己的"生命"。图库精灵在外观上类似组合图素，但内嵌了丰富的动画连接和逻辑控制，用户只需把它放在画面上，进行少量的文字修改，就能动态控制图形的外观，同时能完成复杂的功能。

用户可以根据自己工程的需要，将一些需要重复使用的复杂图形做成图库精灵，加入"图库管理器"。组态王7.5提供了两种方式供用户自制图库：一种是编程方式，即用户利用亚控公司提供的图库开发包，利用VC开发工具和组态王7.5开发系统中生成的精灵描述文本生成"*.dll"文件；另一种是通过在组态王7.5开发系统中建立动画连接并合成图素的方式直接创建图库精灵。

3）图库精灵使用基本步骤

在画面中放置所需图库精灵，然后双击画面中的图库精灵，弹出改变图形外观和定义动画连接的"属性向导"对话框。该对话框包含了图库精灵的外观、动作、操作权限、与动作连接的变量等各项设置，不同的图库精灵具有不同的属性向导界面。用户只需要输入变量名，合理调整各项设置，就可以设计出符合自己使用要求的个性化图形。

5. 动画连接

在组态王7.5开发系统中制作的画面都是静态的，为了反映工业现场的状况，需要连接实时数据库，因为只有数据库中的变量才是与工业现场的状况同步变化的。数据库变量的变化通过动画连接使静态画面呈现形象的动画效果，所谓"动画连接"，就是建立画面中的图素与数据库变量的对应关系。

图形对象可以按动画连接的要求改变颜色、尺寸、位置、填充百分数等，一个图形对象又可以同时定义多个动画连接。把这些动画连接组合起来，应用程序将呈现令人难以想象的动画效果。给图形对象定义动画连接是在"动画连接"对话框中进行的，对不同类型的图形对象弹出的"动画连接"对话框大致相同，但是对于特定属性对象，有些"动画连接"对话框是灰色的，表明此动画连接属性不适用于该图形对象，或者该图形对象定义了与此动画连接不兼容的其他动画连接，具体参考后续内容。

6. 监控界面组成

监控界面主要由工艺设备、PLC 线圈指示灯、主控台手动控制、传感器及启动停止（用中间继电器代替输入继电器，以便于调试）、文本提示信息组成，如图 2－22 所示。文本提示信息、指示灯、机械手部件、工件、供料台等对象制作较简单，下面主要对监控界面的典型对象进行简要说明。

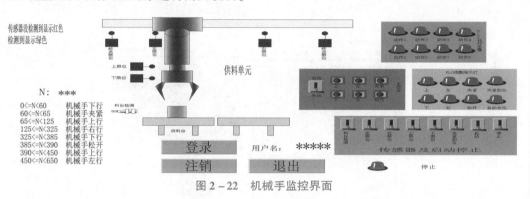

图 2－22　机械手监控界面

7. 组合图素组态

1）自制限位组合图素组态

用于限位显示的符号是由矩形、圆、线条构成的组合图素，它利用组合图素关联开关量，开关量的 0、1 用不同的颜色表示。参考图 2－23 所示"左限位"填充属性动画连接，完成其他组合图素组态工作。

2）图库按钮组合图素组态

主控台手动控制的"上按钮"模仿实际按钮操作特性，即按下为 1，弹起（释放）为 0。在画面开发界面中，打开"图库"菜单，在"图库管理器"中找到"▣"对象，将其放置在画面中。选中"▣"对象，选择"图库"→"转换成普通图素"命令，把其中间的"圆"用画刷改为红色"▣"；再选中"▣"对象，用鼠标右键单击，在弹出的菜单中选择"组合拆分"→"合成组合图素"命令，双击"▣"对象，弹出图 2－24 所示动画连接界面，按下时、弹起时命令语言分别为"\\local\机械手手动上行＝1""\\local\机械手手动上行＝0"。

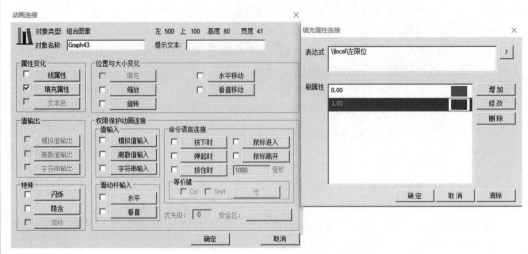

图 2-23 "左限位"填充属性动画连接

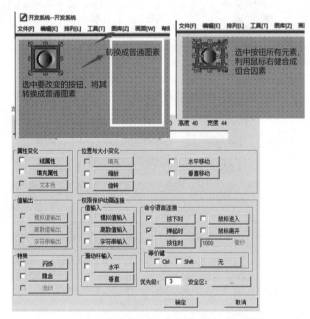

图 2-24 图库按钮组合图素动画连接界面

3）"料台检测"① 的启停开关组态

在画面开发界面中，打开"图库"菜单，在"图库管理器"中找到"▮"对象，将其放置在画面中。双击"▮"对象，弹出"开关向导"对话框，如图 2-25 所示，在该对话框中进行相应的设置。

PLC 线圈指示灯"⬤"组态类似"料台检测"的启停开关组态，参考图 2-26 完成组态工作。

_____

① "料台检测"对应供料台上的工件检测传感器。

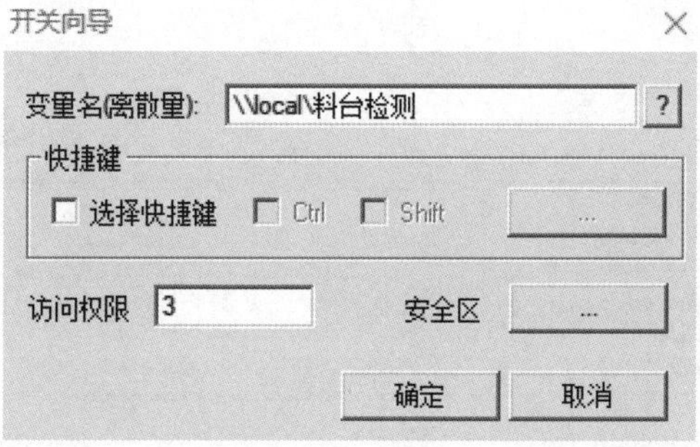

图 2-25 "料台检测"的启停开关向导

图 2-26 PLC 线圈指示灯向导对话框

8. 典型按钮动画连接

"登录"按钮命令语言调用函数 LogOn( )，"注销"按钮命令语言调用函数 LogOff( )。

9. 典型文本域动画连接

图 2-22 中"用户名"右边的文本域显示登录的用户，其动画连接如图 2-27 所示。

10. 机械手移动动画连接

1）水平移动动画连接

机械手的横梁、大臂、小臂、手抓等需要在监控界面中动画运动，直观演示控制动作。横梁和大臂在机械手工作时动作情况一致，将它们合并成一个图素，双击图素，弹出"动画连接"对话框，其水平移动动画连接如图 2-28 所示。

2）机械手垂直移动动画连接

机械手垂直移动动画连接类似水平移动动画连接，可参考图 2-29。

3）手指动画连接

手指水平和垂直移动的动画连接类似大臂，如图 2-30 所示。进行手指旋转动画连接时，选中多边形左手指对象"◣"，双击它，弹出"动画连接"对话框，勾选"旋

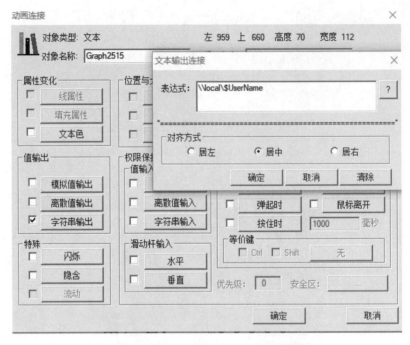

图 2 – 27　登录用户文本域动画连接

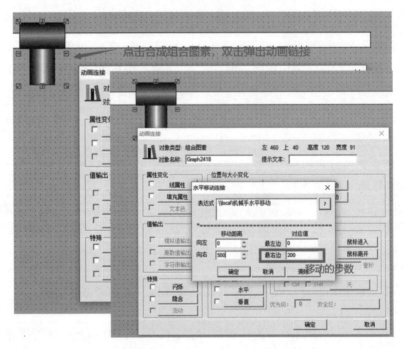

图 2 – 28　机械手横梁和大臂水平移动动画连接

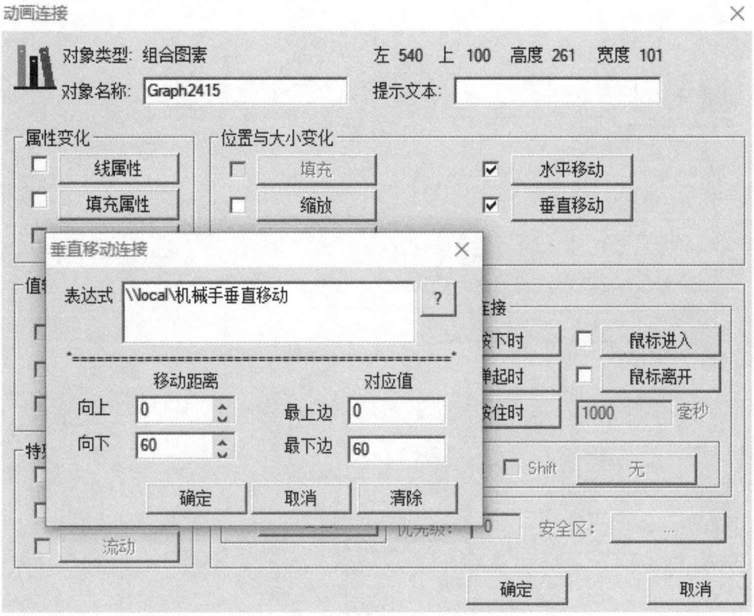

图 2-29 机械手垂直移动动画连接

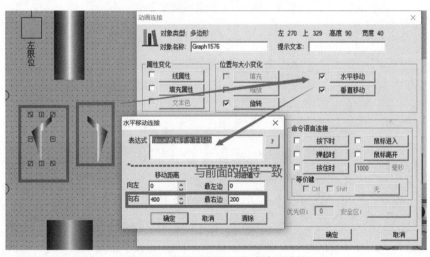

图 2-30 左手指水平移动动画连接

转"复选框并单击"旋转"按钮,进行图 2-31 所示的设置。右手指旋转动画连接与左手指旋转动画连接类似,可参考图 2-32。

另外,手指旋转动画连接也可采用图 2-33 所示的旋转连接向导方式。

2.3.5 脚本编程

为了在监控界面中直观、形象、生动地展示现场设备的工作过程,除了对相关图像进行动画连接呈现状态和数值外,进一步对现场设备的工作步进行展示,为此启用组态王 7.5 的脚本编程以满足需要。下面对相关内容进行介绍。

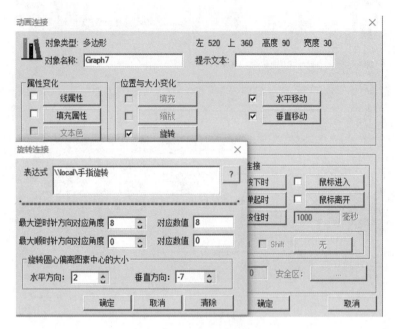

图 2-31 左手指旋转动画连接

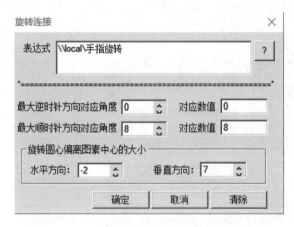

图 2-32 右手指旋转动画连接

1. 脚本编程常识

组态王 7.5 中的命令语言是一种在语法上类似 C 语言的组态语言，工程师可以利用这些种语言来增强应用程序的灵活性，处理一些算法和操作等。命令语言都是靠事件触发执行的，如定时、数据的变化、键盘键的按下、鼠标的点击等，并具有完备的语法查错功能和丰富的运算符、数学函数、字符串函数、控件函数、SQL 函数和系统函数。命令语言通过"命令语言编辑器"编辑输入，在组态王 7.5 运行系统中被编译执行。

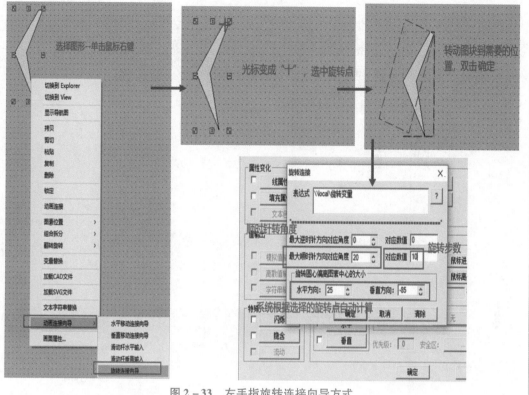

图 2 – 33　左手指旋转连接向导方式

2. 命令语言类型

根据事件和功能的不同，命令语言包括应用程序命令语言、热键命令语言、事件命令语言、数据改变命令语言、自定义函数命令语言、动画连接命令语言和画面命令语言等。其中应用程序命令语言、热键命令语言、事件命令语言、数据改变命令语言可以称为"后台命令语言"，它们的执行不受画面打开与否的限制，只要符合条件就可以执行。另外，可以使用运行系统中的"特殊"→"开始执行后台任务"命令和"特殊"→"停止执行后台任务"命令控制这些命令语言是否执行，而画面和动画连接命令语言的执行不受影响。也可以通过修改系统变量"＄启动后台命令语言"的值来实现上述控制，该值置"0"时停止执行，置"1"时开始执行。下面主要基于应用程序命令语言进行相关介绍，其他命令语言类型参见帮助手册。

3. 认识"命令语言编辑器"

"命令语言编辑器"是组态王 7.5 提供的用于输入、编辑命令语言程序的地方，"命令语言编辑器"的进入和组成分别如图 2 – 34、图 2 – 35 所示（应用程序命令语言）。所有"命令语言编辑器"的大致界面和主要部分及功能都相同，只是"触发条件"部分会有所不同。

应用程序命令语言是指在组态王 7.5 运行系统应用程序启动时、运行期间和退出时执行的命令语言，用户根据工艺要求进行编制。特别注意：在输入命令语言时，除汉字外，其他关键字，如标点符号必须以英文状态输入。

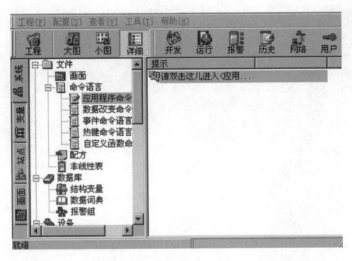

图 2-34 "命令语言编辑器"的进入（应用程序命令语言）

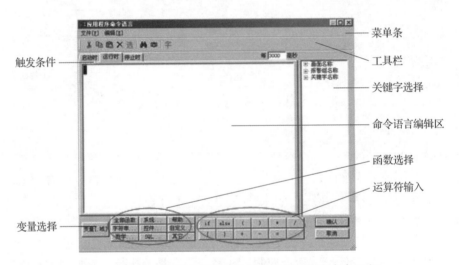

图 2-35 "命令语言编辑器"的组成（应用程序命令语言）

只要组态王 7.5 运行系统处于运行状态（无论打开画面与否），应用程序命令语言都按照指定时间间隔定时执行。选择"启动时"选项卡，在"命令语言编辑器"中输入命令语言程序，该段程序只在运行系统启动时执行一次。选择"停止时"选项卡，在"命令语言编辑器"中输入命令语言程序，该段程序只在运行系统退出时执行一次。

4. 命令语言的语法

命令语言的语法与 C 语言的语法没有大的区别，每一条语句的末尾应该用分号";"结束，在使用 if…else、while 等语句时，其程序段要用花括号"{}"括起来。命令语言的语法主要涉及运算符、赋值语句、if…else 语句、while 语句、注释方法应用规则等。

5. 命令语言函数

组态王7.5支持使用内建的复杂函数，其中包括字符串函数、数学函数、系统函数、控件函数、SQL函数及其他函数，常用的函数如 exit( )（退出）、showpicture( )（显示窗体）等，具体见《组态王命令语言函数速查手册》。另外，根据需要也可自行定义所需的函数，即"自定义函数"。

6. 项目动画编程

为了在监控界面上形象地展示机械手的动作状况，利用组态王7.5所带的脚本编程功能实现机械手动作的动画效果。实施的要点如下。

（1）在画面命令语言界面中单击鼠标右键，在弹出的菜单中选择"画面属性"选项，在图2-36所示的"画面属性"对话框中单击"命令语言"按钮。

图2-36 "画面属性"对话框

（2）根据工艺流程完成项目动画编程，输入图2-37所示参考程序（画面命令语言存在时程序），其流程为：机械手下行→机械手夹紧→机械手上行→机械手右行→机械手下行→机械手松开→机械手上行→机械手左行。

7. 用户和安全机制

在组态王7.5中，为了保证系统安全运行，对画面中的操作对象设置访问权限，同时给操作员分配访问优先级和操作安全区，当操作员的优先级低于对象的访问优先级或其操作安全区不在对象的访问安全区内时，该对象不可访问，即要访问一个具有权限设置的对象，要求操作员具有访问优先级，而且操作员的操作安全区必须在对象的访问安全区内。

```
显示时 存在时 稳合时    每 55    毫秒
if(\\local\自动==0)
\\local\手动=1;
if(\\local\自动==1)
{
if(\\local\N>=0&&\\local\N<60&&\\local\机械手下行==1)
{\\local\N=\\local\N+5;
\\local\机械手垂直移动=\\local\机械手垂直移动+5;
if(\\local\N>=60&&\\local\N<65&&\\local\机械手夹紧)
{
\\local\N=\\local\N+1;
\\local\手指旋转=\\local\手指旋转+1.6;
}
if(\\local\N>=65&&\\local\N<125&&\\local\机械手上行)
{
\\local\N=\\local\N+5;
\\local\机械手垂直移动=\\local\机械手垂直移动-5;
\\local\工件垂直移动=\\local\工件垂直移动+5;
}
if(\\local\N>=125&&\\local\N<325&&\\local\机械手右行)
{
\\local\N=\\local\N+10;
\\local\机械手水平移动=\\local\机械手水平移动+10;
\\local\工件水平移动=\\local\工件水平移动+10;
}
```

(a)

```
if(\\local\N>=325&&\\local\N<385&&\\\\local\机械手下行)
{
\\local\N=\\local\N+5;
\\local\机械手垂直移动=\\local\机械手垂直移动+5;
\\local\工件垂直移动=\\local\工件垂直移动-5;
}
if(\\local\N>=385&&\\local\N<390&&\\local\机械手松开)
{
\\local\N=\\local\N+1;
\\local\手指旋转=\\local\手指旋转-1.6;
}
if(\\local\N>=390&&\\local\N<450&&\\local\机械手上行)
{
\\local\N=\\local\N+5;
\\local\机械手垂直移动=\\local\机械手垂直移动-5;
}
if(\\local\N>=450&&\\local\N<650&&\\local\机械手左行)
{
\\local\N=\\local\N+10;
\\local\机械手水平移动=\\local\机械手水平移动-10;
}
if(\\local\N>=650)
{
\\local\N=0;
\\local\机械手水平移动=0;
\\local\机械手垂直移动=0;
\\local\工件水平移动=0;
\\local\工件垂直移动=0;
}
}
```

(b)

图 2－37　参考程序

利用"系统配置"→"用户配置"选项，定义用户及安全区、优先级；定义画面中操作对象的安全区、优先级。"登录"和"注销"按钮分别使用 LogOn( )、LogOff( )函数完成。

2.4 系统调试运行

组态王 7.5 软件包由"工程管理器""工程浏览器"和运行系统 3 部分组成。其中"工程浏览器"内嵌画面制作开发系统,生成人机界面工程。画面制作开发系统中设计开发的画面工程在运行系统中运行。"工程浏览器"和运行系统各自独立,一个工程可以同时被编辑和运行,这对于工程的调试是非常方便的。下面对运行系统环境配置和调试运行过程的有关内容进行简要说明。

2.4.1 自动运行画面设置

在运行工程之前要在开发系统中对运行系统环境进行配置,在开发系统菜单栏中选择"配置"→"运行系统"命令或单击工具栏中的"运行"按钮或在"工程浏览器"的工程目录显示区中单击"系统配置"→"设置运行系统"按钮,弹出"运行系统设置"对话框,如图 2-38 所示。单击"主画面配置"选项卡,选择"主界面"作为启动界面,再单击"确定"按钮,完成自动运行画面设置。

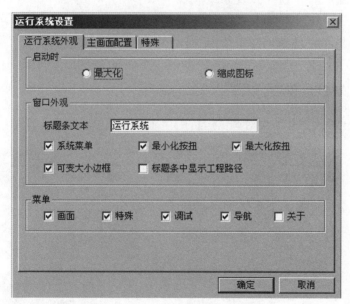

图 2-38 "运行系统设置"对话框

2.4.2 调试运行方案

项目组态完成后,基于 DCS 的实训平台,拟定调试方案和步骤,以表格形式记录调试过程,并分析运行结果。就控制方式而言,调试分为手动和自动两种模式,就工作平台而言,调试分为 PLC 应用系统和 DCS 架构两种模式。

(1)手动模式调试说明。拨动按钮至手动状态,机械手夹紧按钮按下→机械手夹紧,机械手松开按钮按下→机械手松开,机械手下移按钮按下→机械手下移,机械手上移按钮按下→机械手上移,机械手右移按钮按下→机械手右移,机械手左移按钮按下→机械手左移。

（2）自动模式调试说明。拨动按钮至自动状态，按下自动启动按钮，机械手下降，下降到位后机械手夹紧，等待 0.5 s 后机械手上升，上升至限位，机械手向右运行，抵达右限位后机械手下降至下限位，机械手松开等待 0.5 s 后上升，上升至限位，机械手向左运行，抵达左限位后，判断供料台上是否有工件，如此循环运行，最后按下停止按钮，设备运行完当前流程后停止运行，等待再次按下自动启动按钮。

调试方案和步骤围绕控制工艺要求，按照机械手工作条件、动作和监控界面动画规律，验证它们的逻辑关系。调试及运行逻辑关系为：登录→自动→启动→机械手下行（自动状态，左限位，上限位）→机械手夹紧（下限位，左限位，料台检测）→机械手上行（下限位，左限位，料台检测，夹紧到位）→机械手右行（右限位，上限位，夹紧到位）→机械手下行（右限位，下限位，夹紧到位）→机械手松开（下限位，右限位）→机械手上行（右限位，上限位）→机械手左行（上限位，左限位）。

2.4.3 监控项目运行

项目组态完成后，选择开发系统中的"文件"→"全部保存"命令后，再选择"文件"→"VIEW"命令，自动进入"机械手监控系统"项目运行界面。实物运行时，需要设置计算机网卡的 IP 地址并 ping 通；同时，使工作步和开关量组态匹配。

机械手监控系统调试运行界面示意如图 2-39 所示，其他调试运行由学生自行完成。采用远程控制方式或现场控制方式，分别对手动和自动两种工作方式进行调试验证、分析、记录整理工作。针对调试运行中存在的问题，学生自主解决。

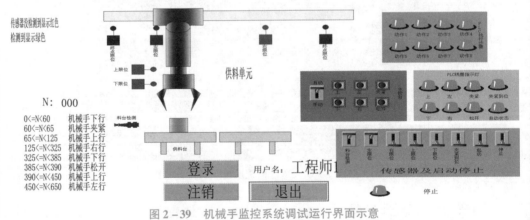

图 2-39 机械手监控系统调试运行界面示意

2.5 操作员站基于TIA博途V16组态

TIA 博途软件整合 STEP7、WinCC、Startdrive 等组态模块，工程师只需要使用 TIA 博途软件就能对上位机、PLC、运动控制进行编程调试。TIA 博途软件使编程更轻松，提供更友好的开发环境、更方便的组态硬件设置网络等，可以对 PLC、上位机监控进行仿真，甚至可以实现 PID 控制仿真。

机械手监控系统项目基于 TIA 博途 V16 和 S7 – 1200 PLC 平台实施，由于 TIA 博途 V16 的动画演示功能占用系统资源，所以实施此项目忽略 TIA 博途 V16 的动画演示功能。S7 – 1200 PLC 控制站完全继承前面相关内容，主要差异在于操作员站的组态。基于 TIA 博途 V16 的操作员站组态与前面的组态王 7.5 既有许多类似的地方，也有自身的特点，在具体应用过程中应进行对比总结。下面对机械手监控系统操作员站组态的核心环节进行简要说明及演示。

2.5.1　操作员站硬件和网络组态

操作员站硬件类似控制站，在添加新设备时首先在图 2 – 40（a）所示界面选择"PC 系统"选项；选择其下的"SIMATICHMI 应用软件"→"WinCC RT Advanced"选项，在硬件目录中选择"通讯模块"→"常规 IE"选项，并进行 IP 地址设置，如图 2 – 40（b）所示。

选择项目树中的"设备和网络"选项，进行"HMI 连接"，实现控制站与操作员站的"TCP/IP 连接"，如图 2 – 41 所示。

2.5.2　操作员站变量组态

1. 概况

在运行系统中，使用变量转发过程值。过程值是存储在某个已连接到自动化系统的存储器中的数据。WinCC 使用两类变量：内部变量和外部变量。内部变量没有过程

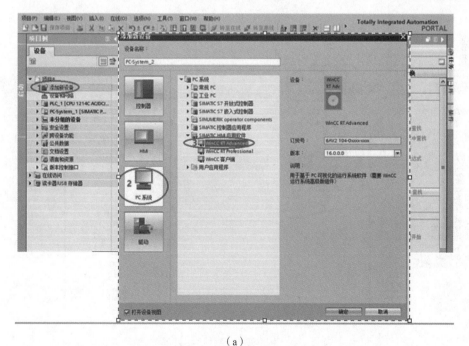

（a）

图 2 – 40　操作员站硬件组态

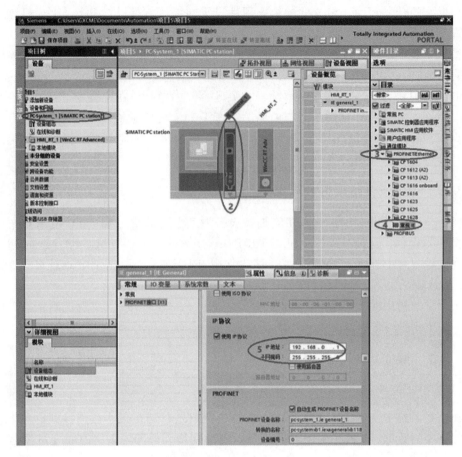

（b）

图 2-40　操作员站硬件组态（续）

（a）

图 2-41　控制站与操作员站网络连接

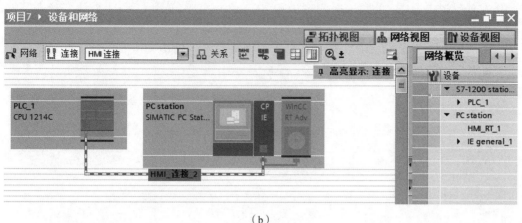

（b）

图 2-41 控制站与操作员站网络连接（续）

连接，只能在 WinCC 内部传送值，只有运行系统处于运行状态时变量值才可用。内部变量存储在 HMI 设备的内存中，因此，只有这台 HMI 设备才能够对内部变量进行读写访问。内部变量的数据类型有：数组（一维数组）、布尔型（二进制变量）、DateTime（日期/时间格式）、DInt（有符号 32 位数）、WString（文本变量，16 位字符集）等。

外部变量将连接 WinCC 和自动化系统，外部变量值与自动化系统存储器中的过程值对应。通过读取自动化系统存储器中的过程值，即可确定外部变量的值，还可以重写在自动化系统存储器中的过程值。外部变量是 PLC 中一个已定义存储位置的映像，无论是 HMI 设备还是 PLC，都可对该存储位置进行读写访问。所连接 PLC 中所有可用的数据类型，均在 WinCC 的外部变量中可用。

2. 项目变量组态

WinCC 变量通过 HMI 变量表实现集中管理，HMI 变量表中包含适用于所有设备的 HMI 变量定义，系统会为项目中创建的每个 HMI 设备自动创建一个变量表。在项目树中，每个 HMI 设备都有一个"HMI 变量"文件夹。此文件夹中可能包含以下表格：默认变量表、用户自定义变量表、所有变量的表，HMI 变量分布如图 2-42 所示。

图 2-42 HMI 变量分布

在项目树中选择"PC station"→"HMI_RT_1"→"HMI 变量"→"默认变量表"选项，然后对变量的名称、数据类型、连接、PLC 名称、PLC 变量、地址、访问模式等内容进行组态。图 2-43 所示为"上限位"变量组态的结果。根据机械手监控系统工艺及监控要求，所需组态变量如图 2-44 所示。

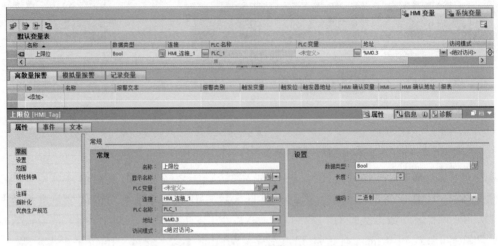

图 2-43 "上限位"变量组态的结果

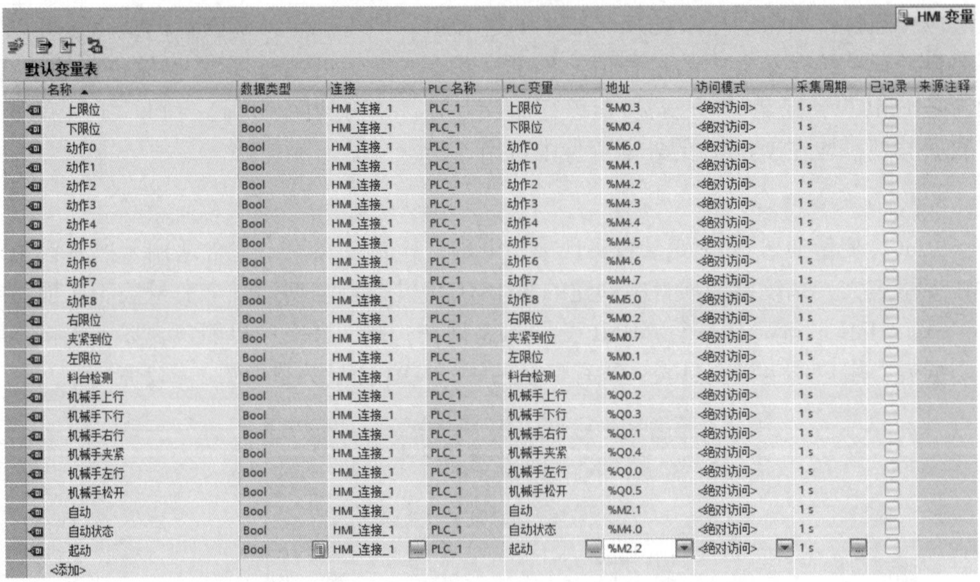

名称 ▲	数据类型	连接	PLC 名称	PLC 变量	地址	访问模式	采集周期	已记录	来源注释
上限位	Bool	HMI_连接_1	PLC_1	上限位	%M0.3	<绝对访问>	1 s	☐	
下限位	Bool	HMI_连接_1	PLC_1	下限位	%M0.4	<绝对访问>	1 s	☐	
动作0	Bool	HMI_连接_1	PLC_1	动作0	%M6.0	<绝对访问>	1 s	☐	
动作1	Bool	HMI_连接_1	PLC_1	动作1	%M4.1	<绝对访问>	1 s	☐	
动作2	Bool	HMI_连接_1	PLC_1	动作2	%M4.2	<绝对访问>	1 s	☐	
动作3	Bool	HMI_连接_1	PLC_1	动作3	%M4.3	<绝对访问>	1 s	☐	
动作4	Bool	HMI_连接_1	PLC_1	动作4	%M4.4	<绝对访问>	1 s	☐	
动作5	Bool	HMI_连接_1	PLC_1	动作5	%M4.5	<绝对访问>	1 s	☐	
动作6	Bool	HMI_连接_1	PLC_1	动作6	%M4.6	<绝对访问>	1 s	☐	
动作7	Bool	HMI_连接_1	PLC_1	动作7	%M4.7	<绝对访问>	1 s	☐	
动作8	Bool	HMI_连接_1	PLC_1	动作8	%M5.0	<绝对访问>	1 s	☐	
右限位	Bool	HMI_连接_1	PLC_1	右限位	%M0.2	<绝对访问>	1 s	☐	
夹紧到位	Bool	HMI_连接_1	PLC_1	夹紧到位	%M0.7	<绝对访问>	1 s	☐	
左限位	Bool	HMI_连接_1	PLC_1	左限位	%M0.1	<绝对访问>	1 s	☐	
料台检测	Bool	HMI_连接_1	PLC_1	料台检测	%M0.0	<绝对访问>	1 s	☐	
机械手上行	Bool	HMI_连接_1	PLC_1	机械手上行	%Q0.2	<绝对访问>	1 s	☐	
机械手下行	Bool	HMI_连接_1	PLC_1	机械手下行	%Q0.3	<绝对访问>	1 s	☐	
机械手右行	Bool	HMI_连接_1	PLC_1	机械手右行	%Q0.1	<绝对访问>	1 s	☐	
机械手夹紧	Bool	HMI_连接_1	PLC_1	机械手夹紧	%Q0.4	<绝对访问>	1 s	☐	
机械手左行	Bool	HMI_连接_1	PLC_1	机械手左行	%Q0.0	<绝对访问>	1 s	☐	
机械手松开	Bool	HMI_连接_1	PLC_1	机械手松开	%Q0.5	<绝对访问>	1 s	☐	
自动	Bool	HMI_连接_1	PLC_1	自动	%M2.1	<绝对访问>	1 s	☐	
自动状态	Bool	HMI_连接_1	PLC_1	自动状态	%M4.0	<绝对访问>	1 s	☐	
起动	Bool	HMI_连接_1	PLC_1	起动	%M2.2	<绝对访问>	1 s	☐	
<添加>									

图 2-44 TIA 博途 V16 机械手监控系统所需组态变量

2.5.3 操作员站监控界面组态

1. 概况

在 WinCC 中，可以创建操作员控制和监视机器设备和工厂的画面。创建画面时，所包含的对象模板将在显示过程、创建设备图像和定义过程值等方面提供支持。进行画面设计时，需要用其表示过程的对象插入画面，对该对象进行组态使之符合过程要求。画面可以包含静态和动态元素，静态元素（如文本或图形对象）在运行时不改变它们的状态。动态元素根据过程改变它们的状态。通过变量可以在控制器和 HMI 设备之间切换过程值和操作员输入值。

可对画面属性进行设置，画面布局由正在组态的 HMI 设备的特征确定，它对于应该设备用户界面的布局。HMI 设备如有功能键，则此画面将显示这些功能键。诸如画面分辨率、字体和颜色等其他属性也由所选 HMI 设备的特征确定。

在"画面编辑器"中提供 4 个任务卡：工具箱，显示对象和操作对象，包含基本对象、元素、控件、我的控件（可选）、图形，如图 2 - 45 所示；动画，动态组态的模板；布局，帮助进行显示方面的自定义操作；库，管理项目库和全局库。

图 2 - 45　工具箱组成

创建画面的基本步骤如下：规划过程可视化的结构、画面数量及其布局；定义画面浏览控制策略；调整模板及全局画面；创建画面，除常规方式外，还可使用库、层、面板。

2. 用户管理界面示例

安全在各种场合最为主要，需要利用各种机会强化安全意识，提高安全方面的职业素养。DCS 监控项目是高技术应用的集成，除了常规的安全意识之外，还需要知识产权保护意识。TIA 博途 V16 为 DCS 提供了良好的安全机制，访问保护用于控制对运行系统中的数据和函数的访问，此功能防止应用程序进行未经授权的操作。在项目创建期间，与安全相关的操作已被限制为特定的用户组。为此，需要设置拥有特有访问权（即所谓的权限）的用户和用户组，然后组态操作安全相关的对象所需的权限。通过 WinCC 的用户管理功能集中管理用户、用户组和权限，将用户和用户组与项目一起传送到 HMI 设备，通过用户视图在 HMI 设备中管理用户和密码。

用户管理界面组态主要包括两个步骤：用户管理组态、登录界面组态。用户管组态示意如图2-46所示。登录界面组态示意如图2-47所示（图2-47所示为一个命令按钮组态内容）。

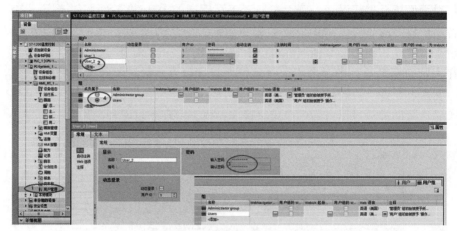

图2-46　用户管理组态示意

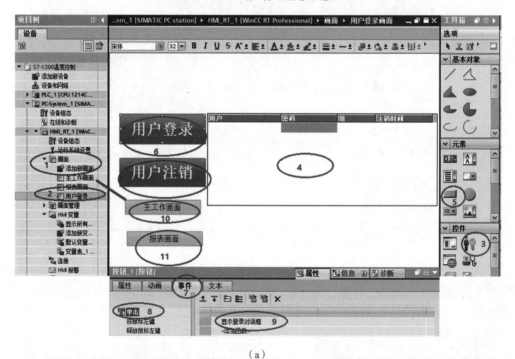

（a）

（b）

图2-47　登录界面组态示意

3. 监控界面组态

在监控界面中对基本对象中的"圆"组态,如图 2-48 所示。除对"圆"属性进行设置外,重点利用其"动画"→"外观"组态反映"上限位"传感器的状态。元素中的"开关"组态如图 2-49 所示。

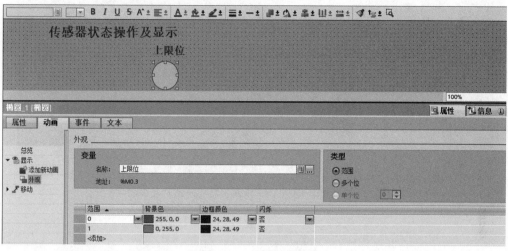

图 2-48 "圆"组态

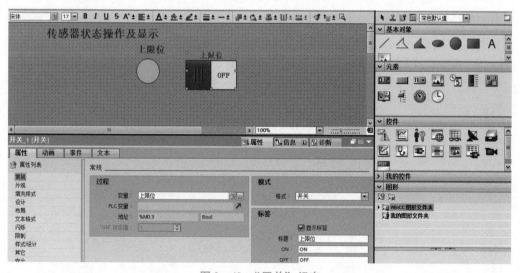

图 2-49 "开关"组态

TIA 博途 V16 机械手监控系统监控界面如图 2-50 所示,监控界面主要用到了工具箱中的基本对象"圆""文本域"以及元素"开关"。学生可结合机械手监控系统控制要求完成相关组态。

组态完成后,根据项目要求,并参照前面组态王 7.5 监控界面的调试运行步骤及方法,首先进行仿真验证,然后基于实验平台完成安装接线,随后逐次启动控制站、操作员站进入运行状态,完成项目的验证;最后对项目进行考核、答辩、评价、点评、小结。

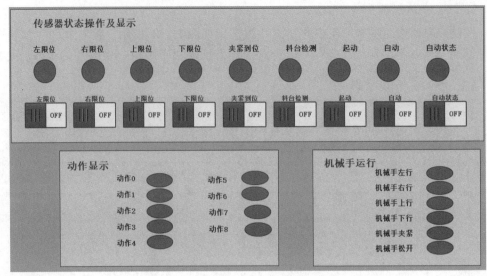

图 2 - 50　TIA 博途 V16 机械手监控系统监控界面

总　结

　　本项目围绕机械手监控系统的工艺和控制要求，主要基于开关量的逻辑控制功能实现项目。学生应熟悉项目组态的基本流程——工程建立、设备及通信组态、数据变量组态、监控画面组态及图像动画连接；通过帮助文档和案例视频强化相关功能模块的学习及应用；结合项目实施要点，自主完成项目的开发、调试、运行、分析工作。

项目3　烤炉监控系统组态

3.1　项目工作页

随着科学技术的发展，尤其是控制理论、控制技术、互联网通信技术等的发展，为了提升安全性、可靠性、产品的质量、工作效率、企业信息管理和应用水平，饼干生产线引入 DCS 势在必行。为了确保系统工作的高可靠性和冗余性，采用计算机远程监控和 PLC 电气控制系统架构，以远程监控方案为主，以 PLC 控制方案为辅。

基于饼干生产线关键设备——烤炉的工艺背景，组态其监控系统。基于 DCS 理论和应用技术，本项目注重安全、环保、质量、责任担当意识，需要全方位贯彻工匠精神。烤炉的控制既包含逻辑控制，也包含模拟量的闭环控制，其方案和组态实施可类推至其他领域。学生应兼顾多样性和代表性，形成触类旁通的思维观，培养自主学习能力和终身学习意识；在明确项目要求的基础上，探讨项目方案实施规律，抓住主要矛盾，注重理论联系实践，为工程实践能力和职业素质的培养奠定良好的基础。

项目工作页的任务如下。

（1）理解项目控制要求及工艺背景，制定 DCS 方案。自查烤炉的典型厂家、型号、结构、铭牌数据。

（2）绘制烤炉控制流程图。自查某类饼干的烤炉生产流程及工艺参数。

（3）项目模块信号规格如下。

①温度传感器 Pt100 型号及量程（信号规格）：＿＿＿＿＿＿＿＿＿＿＿＿＿＿

②温度变送器型号及量程：＿＿＿＿＿＿＿＿＿＿＿＿＿＿＿＿＿＿＿＿＿＿＿＿

③S7－1200 PLC 的 A/D 信号规格：＿＿＿＿＿＿＿＿＿＿＿＿＿＿＿＿＿＿＿

④S7－1200 PLC 的 D/A 信号规格：＿＿＿＿＿＿＿＿＿＿＿＿＿＿＿＿＿＿＿

⑤S7－1200 PLC 的 PWM 输出信号规格：＿＿＿＿＿＿＿＿＿＿＿＿＿＿＿＿

⑥电加热板工作电压和功率规格：＿＿＿＿＿＿＿＿＿＿＿＿＿＿＿＿＿＿＿＿

⑦监控界面显示温度工程量：＿＿＿＿＿＿＿＿＿＿＿＿＿＿＿＿＿＿＿＿＿＿

（4）定义项目所需变量（操作员站、控制站）并填写表 3－1。

表 3 - 1 项目变量表

序号	名称	变量类型 (I/O 或内存)	寄存器	功能描述	备注

（5）参考本书相关内容，自主实施项目。核心要点如下：控制站组态（定义）、变量组态、程序、监控界面（静态、运行）。要求提交工程项目文件和总结报告。

（6）基于 TIA 博途可视化（WinCC）+ S7 - 1200 PLC 完成烤炉监控系统组态，电动机引入 G120C PN 变频器调速控制（拓展）。

（7）基于组态王自带 PID 功能块 + S7 - 1200 PLC 完成烤炉监控系统组态（拓展）。

（8）分组制作汇报 PPT 文件，进行交流答辩。将 PPT 文件和项目文件提交教师。

 3.2 **烤炉监控系统控制要求**

3.2.1 烤炉简介

烤炉是通过形成热空气来烘烤、烹调食品的一种装置，既保证了工农业产品的品质，又提供了高效实用的加工方式。烤炉的结构一般采用封闭或半封闭的形式，一般使用电加热或天然气加热。烤炉的加热层有单层、双层、三层等形式，各层独立控制，一般都有自动恒温系统。烤炉有固定式（间歇式）和转动式（连续式）两种类型，在大规模生产场合均选用转动式烤炉，其内部设有不同的温区，根据不同的饼干类型设置不同的烘烤温度和时间。

例如，曲奇饼干典型生产流程为：经过面团调制、静制、面团滚轧、成形等工序后，进入烤炉完成膨胀与脱水（温度常设定为 180～220 ℃，时间常设定为 5 min）、熟化与上色（温度常设定为 220～250 ℃，时间常设定为 4 min）、继续脱水（温度常设定为 120～150 ℃，时间常设定为 4 min）、冷却等步骤，完成饼干的烘烤工作。

3.2.2 控制要求

基于安全性、可靠性、先进性、实用性等原则进行系统设计，基于 DCS 架构和烤炉实际情况，烤炉监控系统分为工程师站/操作员站（上位机）和控制站（下位机）两个层次。在 DCS 中，PLC 控制系统既可独立工作，也可与上位机实现协同监控。某个智能设备出现通信故障不影响上位机对其他有关智能设备的监控，而上位机出现故障也不影响下位机及现场有关设备的正常工作。

1. 控制站要求

1）概况

基于 DCS 架构，操作员站完成集中监视、操作、管理，控制站具体完成烤炉的工艺控制要求。尽管烤炉的类型、结构、工作过程、工艺参数不同，但其温度控制及基本工序具有通用性。尤其是温度控制在工业、生活等领域具有十分重要的现实意义，温度过高或过低都会对产品质量和系统安全性带来危害。学生应牢固树立安全、品质第一的职业意识；树立源于生产现场的工程思维观，对接现场内在需求；同时，基于实事求是的指导思想，考虑实际情况，灵活变通，适度精简工艺及参数。

2）工艺流程

烤炉的典型工艺流程为：启动→烤炉预热→饼坯入炉→电动机排气→膨胀与脱水→熟化与上色→继续脱水→冷却→电动机送气→饼干出炉→结束。结合实训平台，适度精简的烤炉工艺流程如图 3-1 所示。

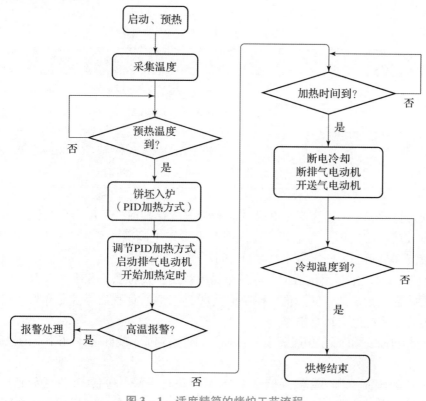

图 3-1 适度精简的烤炉工艺流程

3）主要工艺参数要求

"模拟"烤炉主要工艺参数如下：预热温度为 55 ℃，工作温度为 60 ℃，误差为 ±2 ℃，冷却温度为 40 ℃，报警温度为 65 ℃，加热时间为 15 min（不包含预热时间）。可在一定范围内自行调整工艺参数，但最高温度和加热时间应兼顾实训平台的实际情况。

2. 操作员站监控画面要求

监控画面是实现 DCS 集中监视、集中操作、集中管理的人机互动平台，结合烤炉生产工艺及 DCS 基本功能要求，需要建立用户登录画面、主画面、历史趋势曲线画面、报警画面、报表画面，围绕主画面实现切换。下面对操作员站监控画面进行简要介绍，有关细节参见后续内容。

（1）用户权限和用户登录画面。安全第一、认真负责、勇于担当、精益求精的工匠精神是职业能力的关键要素。系统能否安全可靠地工作，员工的职业道德、职业能力非常关键，但在技术层面对员工的职责、权限、记录跟踪等方面进行规范和完善也十分必要。根据烤炉工艺操作的权限等级要求，参考表 3 - 2 建立所需的用户名、密码、安全区、优先级、权限。组态王的操作安全机制基于安全区和优先级及电子签名，监控画面操作对象主要为按钮和文本输入。监控画面中的大部分命令按钮位于安全区 A，优先级为 100；PID 参数设置文本及整定命令按钮位于安全区 A，优先级为 200；监控画面中的其他输入参数的文本位于安全区 A，优先级为 100；电子签名参考帮助文档，自主拟定完成。

表 3 - 2　用户设置表

用户组	用户名	用户密码	相应权限
烤炉	工程师 1	123456	项目所有管理权限；安全区：A、B；优先级：600；可操作监控画面中的命令按钮
烤炉	操作员 1	123456	除 PID 参数设置权限外的项目其余权限；安全区：A；优先级：100

系统运行的起始画面为用户登录画面和参数设置画面，利用命令按钮弹出用户登录对话框或用户注销用户对话框，进入或退出系统主画面；利用文本显示当前用户、注释、设置和显示工艺段所需的温度和时间。

（2）主画面。主画面包括工艺设备布局示意图、设备状态和工艺参数、历史趋势曲线（显示温度给定值、实际值、控制量）、PID 参数、远程启停控制操作、切换至其他画面操作、系统退出运行操作。

（3）趋势曲线画面。用历史趋势曲线显示温度给定值、实际值，利用命令按钮返回主画面。

（4）报警画面。当实际温度值高于 65 ℃时进行报警，包括实时报警和历史报警，利用文本标识实时报警和历史报警，利用文本显示实时报警值，利用命令按钮返回主画面。

（5）报表画面。报表包括实时报表和历史报表。利用文本标识实时报表和历史报表，利用菜单方式完成报表数据的查询和打印，利用命令按钮返回主画面。

3.3 实施方案

DCS 的实施立足于硬件选型和软件的组态开发两个方面，结合项目工艺及监控要求确定实施方案。计算机作为工程师站（操作员站）用于实现人机对话，完成集中监视、集中操作和集中管理等工作，一般选用工业控制计算机，人机界面开发的组态软件选用组态王 7.5。

硬件选型重在控制站的确定，以 PLC 为核心的电气控制系统对烤炉工作的安全性、质量、效率、可靠性等方面具有决定性作用。电气控制系统由控制柜、操作/显示设备、检测元件和执行元件四大部分组成。选用西门子 S7 – 1200 PLC，CPU 模块选用西门子 CPU1214C（自带 14DI/10DO、2AI/AO），控制站的组态软件选用 TIA 博途 V16。DCS 的总体布局示意如图 3 – 2 所示。

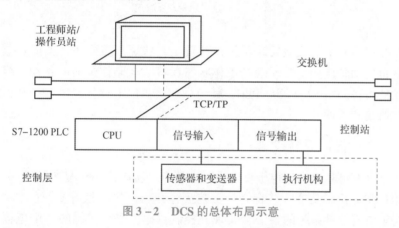

图 3 – 2　DCS 的总体布局示意

控制层基于实训平台现有模块实现烤炉的模拟控制，主要包括检测模块和执行模块。下面对系统的温度控制方案、电气控制系统硬件作进一步介绍，软件的组态开发后续介绍。

3.3.1　温度控制方案

烤炉的温度控制是决定饼干品质的核心要素，主要包括温度的数值、控制精度和工作时间（工作时间用 PLC 的定时器控制）。常用的温度控制方案有位式、单回路 PID、串级、模糊、智能等类型。PID 控制器根据系统的误差，利用比例、积分、微分计算出控制量进行控制，其因结构简单、稳定性好、工作可靠、调整方便而成为模拟量闭环控制的优选控制元件。综合考虑温度的控制精度、经济实用性，选用单回路 PID 控制方案，利用 PLC 的 PID 工艺块实施。温度控制系统示意如图 3 – 3 所示。

结合图 3 – 3，温度控制系统的工作原理如下：温度传感器/变送器将烤炉的温度信号转换为标准电信号（如 4～20 mA 或 0～10 V）送给 PLC 的 A/D 转换器输入端；调用 PLC 的 PID 工艺块，PID 工艺块根据给定值与实际值进行 PID 运算，输出被控量；被控量经 PLC 输出到驱动模块，再由驱动模块控制电加热器的电功率，以达到恒温控制的目的。

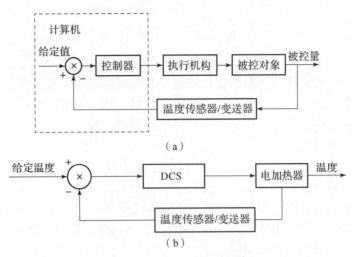

图 3 - 3　温度控制系统示意

(a) 单回路 PID 方框图；(b) DCS 示意

为了在监控画面中直观地反映系统设备及工艺状况，需要实现图形对象与 I/O 设备及 I/O 变量的动画连接，实现现场工作状态和参数与监控画面的互动。根据项目要求，控制站的设备采用 S7 - 1200 PLC，其与操作员站的 I/O 变量关联，从而在操作员站进行有效监控和管理。

3.3.2　电气控制系统硬件

PLC 由于具有可靠性高和抗干扰能力强等特点，所以适用于复杂的顺序控制场合，并具有模拟量闭环控制功能。结合烤炉工艺流程和用户的实际需要，在本系统中，以 PLC 作为烤炉电气控制系统的核心，实现其控制目标，取代传统的"继电器 + 数字控制仪表"模式。烤炉监控系统的 PLC 选用 S7 - 1200 PLC。

控制层模块选型结合实训平台，主要包括开关/按钮、指示灯、温度传感器/变送器、调压模块、电加热器、电源模块等。特别注意：温度传感器的检测范围，温度变送器的量程，固态继电器的输入、输出特性，电加热器、电源模块的功率等的匹配以及精度等级选择。

结合烤炉工艺流程（图 3 - 1）和"模拟烤炉"的硬件配置，PLC 的变量及 I/O 通道分配参考表 3 - 3，PLC 电气控制系统的接线示意如图 3 - 4 所示。

表 3 - 3　PLC 的变量及 I/O 通道分配

变量名称	类型	地址	组态概况	描述	备注
采集温度	Int	%IW64	—	进行 A/D 转换，采集温度	—
PWM 输出	Bool	%Q0.0	—	PWM 输出控制固态继电器	—

变量名称	类型	地址	组态概况	描述	备注
烤炉工作	Bool	%Q0.1	图库指示灯（绿色、红色）	烤炉工作（关联画面指示灯）	—
正转电动机	Bool	%Q0.2	图库指示灯（绿色、红色）	排气，带走水分（关联画面指示灯）	—
首次扫描接通	Bool	%M1.0	—	配合初始化参数块调用1次	PLC组态设置
反转电动机	Bool	%Q0.3	图库指示灯（绿色、红色）	冷却（关联画面指示灯）	—
饼坯在炉	Bool	%Q0.4	图库指示灯（绿色、红色）	饼坯在炉（关联画面指示灯）	—
高温报警	Bool	%Q0.5	图库指示灯（绿色、红色）	70 ℃高温报警（关联画面指示灯）	—
烘烤结束	Bool	%Q0.6	图库指示灯（绿色、红色）	烘烤流程结束（关联画面指示灯）	—
烤炉启动	Bool	%I0.0	按下为1，释放为0	现场启动	远程方式配合
饼坯入炉	Bool	%I0.1	按下为1，释放为0	现场检测入炉	远程方式配合
烘烤停止	Bool	%I0.2	按下为1，释放为0	现场停止	远程方式配合

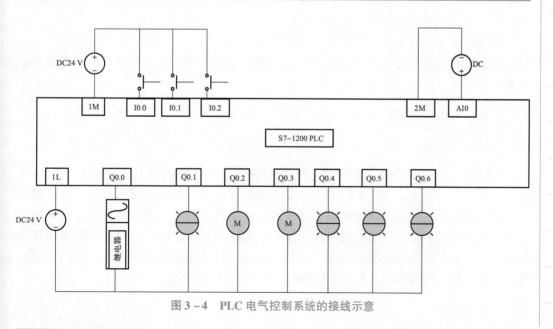

图3-4　PLC电气控制系统的接线示意

3.4 控制站组态及调试运行

3.4.1 概况

1. 组态指导思想

软件设计应以运行时尽量减少人工干预、系统参数和工艺参数在线可调、工作曲线和状态直观显示、便于监控和操作、掉电自保护和上电自恢复等为原则。PLC 程序是烤炉工艺流程实施和性能保障的最为基本和核心的程序。为了确保系统工作安全和可靠，在 PLC 程序的开发和调试过程中，在硬件、软件上尽可能采取三方面有效措施：①考虑到系统工作环节的排他性，引入互锁机制；②考虑到工艺流程的顺序，引入连锁机制；③考虑到工作异常，引入报警处理。

PLC 电气控制系统实施要点如下：系统安装，S7 - 1200 PLC 项目建立，控制站硬件组态，变量组态，程序组态开发，控制站的调试、监控、运行、分析。控制站程序开发采用模块结构化编程模式，PLC 程序基本架构分为：主程序块（OB1）、循环中断 PID 程序块（OB30）、功能块（FC）、数据块（DB）及变量定义表。

2. 控制站组态的基本步骤

控制站选用西门子 S7 - 1200 PLC，其组态软件选用 TIA 博途 V16。上述烤炉监控系统的实施方案和硬件设计相关内容，尤其是表 3 - 2，为控制站的组态开发工作奠定了坚实的基础。

控制站组态的基本步骤如下：分析工艺要求→进行 S7 - 1200 PLC 资源分配→新建项目→进行硬件组态→进行模块、端口设置→绘制功能流程图→分配存储单元→进行程序开发→下载→调试验证→关联操作员站。同时，注意工程项目名称、控制站名称应规范实用，IP 地址拟定为 192.168.0.1。

特别注意在设置 PLC 硬件组态属性时勾选"防护与安全"→"连接机制"→"允许来自远程对象的 PUT/GET 通讯访问"复选框，否则组态王 7.5 不能与 S7 - 1200 PLC 实现通信。

3.4.2 组态基础

1. 功能流程图

控制站主要完成烤炉温度的恒定控制，其核心是单回路 PID 的实施，控制系统工艺流程的启动、停止，温度多段 PID 控制。部分开关输入信号既可由操作员站画面中的按键远程操作，也可由现场按钮手动输入。开关输出信号组态既需要操作员站画面显示，也需要外围指示灯模拟实现。另外，温度值和 PID 参数可由 PLC 程序初始化或组态王 7.5 有关功能模块完成设置工作，本项目主要借助监控画面完成设定和调整。综合上述分析，控制站的参考功能流程图如图 3 - 5 所示。

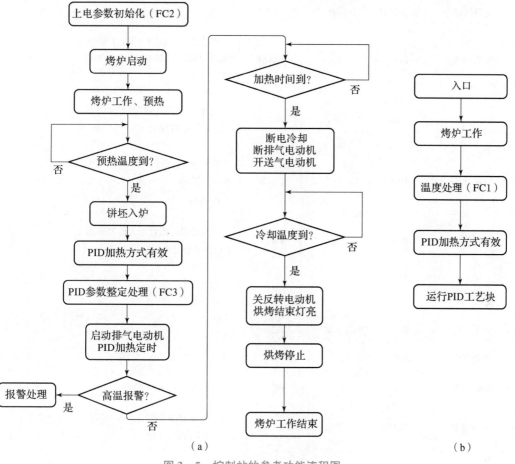

图 3 – 5　控制站的参考功能流程图

（a）主程序块；（b）循环中断 PID 程序块

2. PLC 数据分配

PLC 数据单元的规划是 PLC 组态的基础。综合前面的分析，为了实现烤炉监控系统的控制要求，结合图 3 – 4（PLC 电气控制系统的接线示意）、图 3 – 5（控制站的参考功能流程图）和单回路 PID 温度控制方案，除表 3 – 3（PLC 的变量与 I/O 通道分配）外，所需要的数据块及变量如表 3 – 4、表 3 – 5 所示（表中说明了数据块与组态王 7.5 变量之间的关系）。

表 3 – 4　离散数据块（DB3）及组态王 7.5 变量

变量名称	数据类型	偏移量	初始值	说明	组态
加热结束	Bool	0	FALSE	PID 加热时间到，结束标志	指示灯
远程启动	Bool	0.1	FALSE	现场启动 I0.0	图库按钮
远程停止	Bool	0.2	FALSE	现场停止 I0.1	图库按钮

变量名称	数据类型	偏移量	初始值	说明	组态
加热方式	Bool	0.3	FALSE	预热为 0，烘烤（PID）为 1；循环中断 PID 程序块执行 PID 控制	指示灯
饼坯入炉	Bool	0.4	FALSE	现场 I0.2，观察温度远程操控，以指示灯提示	图库按钮
整定确认	Bool	0.5	FALSE	按下为 1，执行 PID 参数整定处理功能块；释放为 0，避免重复执行	图库按钮
状态位	Bool	0.6	FALSE	与整定确认组合上升脉冲调用 PID 参数整定处理功能块	—

表 3-5 实数数据块（DB2）及组态王 7.5 变量

变量名称	数据类型	偏移量	初始值	说明	组态
预热温度	Real	0	55	防止饼坯变形，入炉前需预热	读写文本框
烘烤温度	Real	4	60	设定温度（PID 控制）	读写文本框
中间温度	Real	8	0	便于温度规格化而引入的中间变量（温度处理功能块）	不需要，PLC 中间变量
实际温度	Real	12	0	温度实际值（反馈量）	趋势、报警、报表
冷却温度	Real	16	40	停止加热后，冷却的目标温度	读写文本框
控制量	Real	20	0	关联 PID 工艺块的输出，便于历史趋势曲线组态	读文本框、趋势
报警温度	Real	24	65	—	读写文本框
烘烤时间	Time	28	T#300s	PID 控制加热时间	读写文本框
整定 P	Real	32	0	组态画面设定比例系数	读写文本框
整定 I	Real	36	0	组态画面设定积分系数	读写文本框
整定 D	Real	40	0	组态画面设定微分系数	读写文本框
实际 P	Real	44	0	PID 控制比例系数（PID 参数整定处理功能块）	读写文本框

变量名称	数据类型	偏移量	初始值	说明	组态
实际 I	Real	48	0	PID 控制积分系数（PID 参数整定处理功能块）	读写文本框
实际 D	Real	52	0	PID 控制微分系数（PID 参数整定处理功能块）	读写文本框

3.4.3 程序开发

1. 概况

根据 PLC 的工作原理和编程方法，编程的重点和难点在于程序总体架构设计、功能模块（子程序）关系规划、PID 指令应用、数据处理。综合上述分析，PLC 程序基本架构分为：主程序块（OB1）、循环中断 PID 程序块（OB30）及功能块（FC），参考图 3-5 完成程序开发工作。

主程序块的主要功能如下：①参数初始化，运行执行一次，采用功能块模式（FC2）；②工艺流程调度，基于开关量的状态完成控制工艺时序切换；③数据处理，对接温度分段 PID 控制的参数传递、PID 参数整定处理（FC3）。

循环中断 PID 程序块的主要功能如下：①PID 运算；②数据处理（FC1）。

核心模块的参考代码如下。

2. 主程序块（OB1）

主程序块（OB1）参考代码如图 3-6 所示。对于参考代码，结合图 3-5 和相关程序段的文字说明，通过自主开发、调试、运行等工作进行验证和完善。

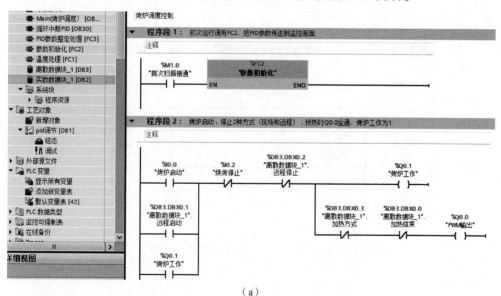

（a）

图 3-6 主程序块（OB1）参考代码

（a）程序段 1 和 2 代码

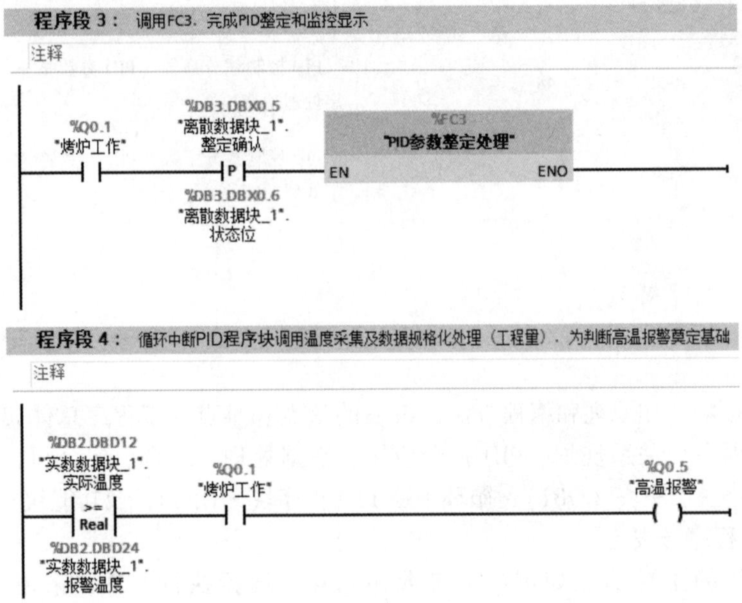

程序段 3： 调用FC3，完成PID整定和监控显示

注释

```
%Q0.1          %DB3.DBX0.5           %FC3
"烤炉工作"      "离散数据块_1".      "PID参数整定处理"
               整定确认
  ┤ ├───────────┤P├─────────        EN            ENO
               %DB3.DBX0.6
               "离散数据块_1".
               状态位
```

程序段 4： 循环中断PID程序块调用温度采集及数据规格化处理（工程量），为判断高温报警奠定基础

注释

```
%DB2.DBD12
"实数数据块_1".
实际温度                  %Q0.1                                    %Q0.5
  >=                     "烤炉工作"                               "高温报警"
  Real      ──────────────┤ ├──────────────────────────────────( )
%DB2.DBD24
"实数数据块_1".
报警温度
```

（b）

程序段 5： 加热模式切换，调用PID控制

注释

```
%DB2.DBD12
"实数数据块_1".
实际温度                  %Q0.1                              %DB3.DBX0.3
  >=                     "烤炉工作"                          "离散数据块_1".
  Real      ──────────────┤ ├──────────────────────────────加热方式
%DB2.DBD0                                                     (S)
"实数数据块_1".
预热温度
```

程序段 6： 入炉两种方式：加热方式（预热全通，达到预热温度后，利用循环中断切换为PID控制烘烤加热）

注释

```
%I0.1                                                        %Q0.4
"饼坯入炉"                                                   "饼坯在炉"
  ┤ ├────────┬─────────────────────────────────────────────( )
             │
%DB3.DBX0.4  │  %DB3.DBX0.0
"离散数据块_1". │ "离散数据块_1".                              %Q0.2
饼坯入炉      │   加热结束                                    "正转电动机"
  ┤ ├────────┤   ──┤/├──────────────────────────────────────( )
%Q0.4
"饼坯在炉"
  ┤ ├────────┘
```

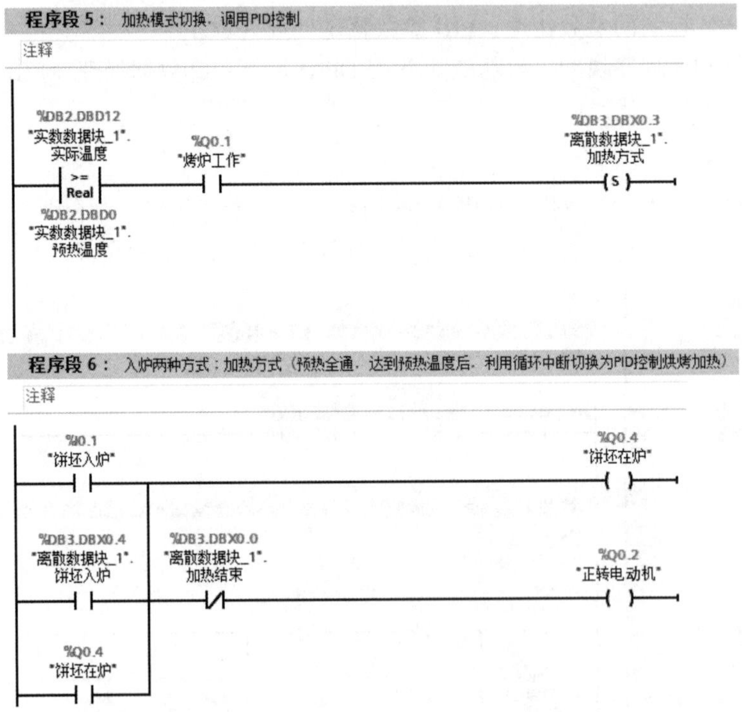

（c）

图 3-6　主程序块（OB1）参考代码（续）

（b）程序段3和4代码；（c）程序段5和6代码

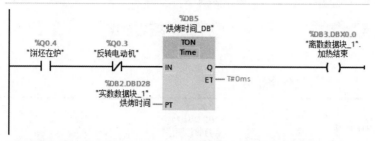

程序段7：加热结束（即PID控制加热时间完成）用定时器确定

```
                              %DB5
                           "烘烤时间_DB"
                              TON
   %Q0.4        %Q0.3        Time                        %DB3.DBX0.0
  "饼坯在炉"    "反转电动机"                             "离散数据块_1".
    ┤├          ─┤/├─      IN        Q                    加热结束
                                                           ─( )─
              %DB2.DBD28              ET ── T#0ms
            "实数数据块_1".
              烘烤时间 ──── PT
```

程序段8：加热两种方式切换（预热-0，烘烤（PID）-1）

注释

```
  %DB3.DBX0.0                                          %DB3.DBX0.3
 "离散数据块_1".                                        "离散数据块_1".
   加热结束                                               加热方式
    ┤├──────────────────┬───────────────────────────────( R )─
                        │
                        │                                %Q0.3
                        │                              "反转电动机"
                        └───────────────────────────────( S )─
```

程序段9：冷却温度到，停止反转电动机，烘烤结束指示灯亮

注释

```
                         %DB2.DBD12
                        "实数数据块_1".
                           实际温度
   %Q0.1        %Q0.3        <=                           %Q0.3
  "烤炉工作"    "反转电动机"   Real                       "反转电动机"
    ┤├          ─┤├─      %DB2.DBD16   ┬──────────────────( R )─
                        "实数数据块_1".  │
                           冷却温度      │                %Q0.6
                                        │              "烘烤结束"
                                        └───────────────( )─
```

（d）

图 3-6　主程序块（OB1）参考代码（续）

（d）程序段 7~9 代码

3. PID 参数初始化功能块（FC2）

PID 参数初始化功能块（FC2）参考代码如图 3-7 所示，它把 TIA 博途 V16 中 PID 工艺模块组态和调试的 PID 参数在操作员站的监控画面上显示出来。

4. 温度处理功能块（FC1）

温度处理功能块（FC1）参考代码如图 3-8 所示，它把采集的温度转换为工程量（实际温度），除用于监控画面显示外，还用于 PLC 程序中对预热温度、报警温度、冷却温度的比较及控制执行。

5. PID 参数整定处理功能块（FC3）

PID 参数整定处理功能块（FC3）参考代码如图 3-9 所示。由于 PID 工艺中的背景数据块变量不能直接关联组态王 7.5 的变量，所以在控制站（PLC）组态了所需的整定 PID 和实际的 PID 变量，通过 FC3 完成。整定 PID 参数由组态王 7.5 画面中的文本

PID工艺块中的PID系数传送到数据块，以便组态观察

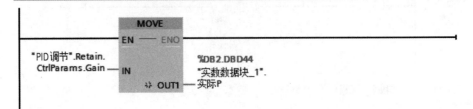

程序段 1： PID工艺块中的比例系数传送到数据块，以便组态观察

注释

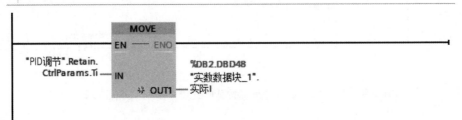

程序段 2： PID工艺块中的积分时间系数传送到数据块，以便组态观察

注释

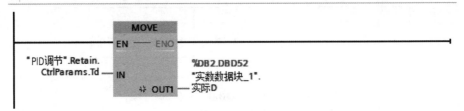

程序段 3： PID工艺块中的微分系数传送到数据块，以便组态观察

注释

图 3 – 7　PID 参数初始化功能块（FC2）参考代码

温度转换为工程量（实际温度），为预热、报警、PID控制方式和监控莫定基础

程序段 1： 温度转换为工程量

注释

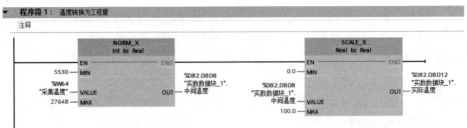

图 3 – 8　温度处理功能块（FC1）参考代码

框输入，利用数据传送指令传递到背景数据块的相应变量中；同时考虑到 PID 工艺在 TIA 博途 V16 中对 PID 参数的整定和调试的一致性，背景数据块的变量传递到实际的 PID 变量画面中关联的文本框中，以便于监控。

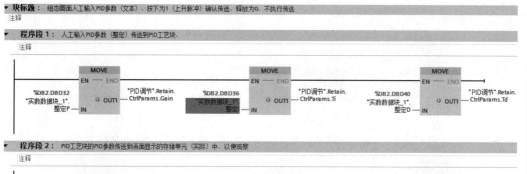

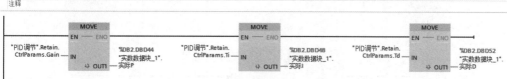

图 3 – 9　PID 参数整定处理功能块（FC3）参考代码

6. 循环定时中断服务程序块（OB30）

S7 – 1200 PLC 的 PID 程序开发的 3 个步骤如下：①将 PID 工艺块置于 OB30 循环中；②进行 PID 工艺块组态；③利用调试面板及整定完成 PID 调试。

OB30 中 PID 工艺对象创建/组态要点如下：①在 PLC 控制站目录树中，选择"工艺对象"→"新增对象"选项；②在弹出的"新增对象"对话框中，选择通用 PID 控制器，单击"确定"按钮，PID 工艺块组态如图 3 – 10 所示。

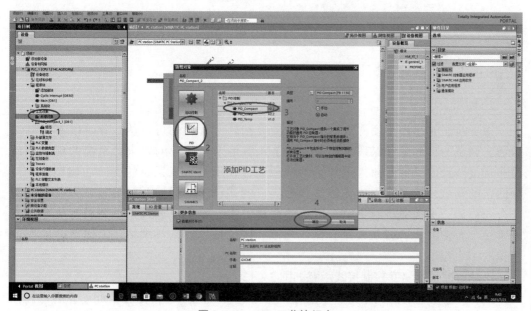

图 3 – 10　PID 工艺块组态

循环中断 PID 程序块（OB30）参考代码如图 3 – 11 所示，它完成温度采集处理和 PID 控制方式的执行工作。单回路 PID 控制原理如下：定时对温度实际值采样，调用 PID 指令，输出控制量以驱动固态继电器及电加热器，实现温度控制。

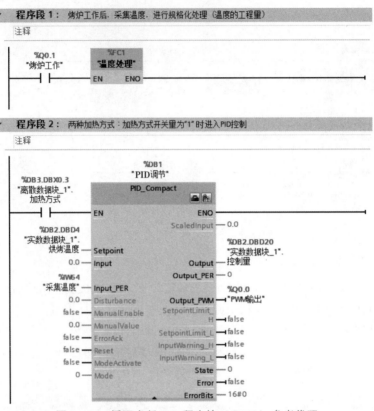

循环中断PID程序块（OB30）实现温度采集规格化处理、烤炉温度的PID控制

程序段1：烤炉工作后，采集温度，进行规格化处理（温度的工程量）

注释

程序段2：两种加热方式，加热方式开关量为"1"时进入PID控制

注释

图 3 – 11 循环中断 PID 程序块（OB30）参考代码

3.4.4 控制站调试运行

1. 概况

为了验证前述相关硬件设计、安装接线和软件开发的可行性，分阶段进行调试验证，调试的目的是确保系统安全、可靠并满足工艺运行的要求。系统的现场调试是非常复杂且涉及各专业人员较多的一项工作，不仅包括系统的所有功能调试、控制回路的调试、控制算法的整定及各种接口的调试，同时涉及相关各方专业人员的配合与协调。工程项目需要拟定规范的调试方案。学生应通过系统调试工作养成安全第一、爱护公物、服从安排、操作规范、团结协作、精益求精、工作严谨的职业意识。

烤炉监控系统温度控制接线示意如图 3 – 12 所示。

PLC 控制系统的调试分为 3 个层面：①通过仿真完成逻辑控制验证；②进行模拟系统的调试验证；③进行现场系统的调试运行。就本控制站而言，结合实训平台、项目精简工艺、TIA 博途 V16 自带的监控功能完成调试工作。调试内容主要分为两方面：硬件和软件、PLC 和现场设备。对于硬件及现场设备，重点围绕回路接线、指示灯状态进行检查。

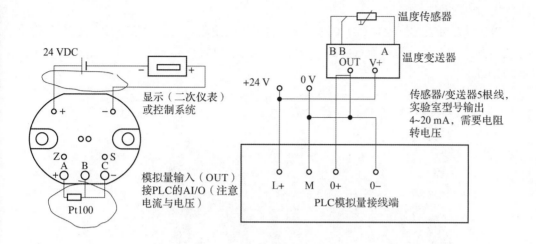

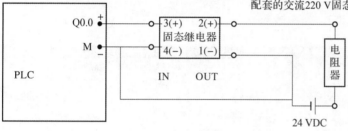

图 3-12　烤炉监控系统温度控制接线示意

本项目 PLC 控制系统调试的内容主要涉及 TCP/IP 通信、I/O 点动作、PID 回路等。调试时可以先开环，后闭环；先手动，再自动；观察显示输出状态及变化趋势。下面对 PID 工艺块的有关调试工作进行简要介绍。

2. PID 常识

闭环控制系统的首要任务是满足稳（稳定）、准（准确）、快（快速）的基本要求，PID 参数整定处理的主要工作就是实现这一任务，PID 参数整定处理可采用 PID 工艺调试面板中自带的整定功能和人工整定两种方式。

PID 参数有 3 个，即比例系数、积分系数 T_I 和微分系数 T_D，需要根据被控对象的特性，三者适当配合，才能充分发挥 PID 控制方式的优点，较好地满足生产过程自动控制的要求。如果把 PID 控制器的微分系数 T_D 调到零，就变成了 PI 控制器，如果把积分系数 T_I 放大到 ∞，就变成了 PID 控制器。在工程上，PID 参数人工整定是根据不同的控制对象，利用经验法和经验数据，通过观察趋势曲线及多次试凑确定 PID 参数。

3. 系统运行及 PID 调试

PLC 控制系统在完成选型、安装接线、组态工作后，其调试和运行围绕工艺流程，并充分利用 PLC 模块的指示灯、编译、下载功能和组态软件的监视/修改、诊断、运行功能。下面对相关内容进行简要说明。

1）PID 组态

PID 组态可通过指令"PID_Compact"的属性或使用其工艺对象下的"组态"选项完成。图 3-13 所示为最为重要的 PID 组态，其他设置内容结合实际工作并参考帮助文档完成。

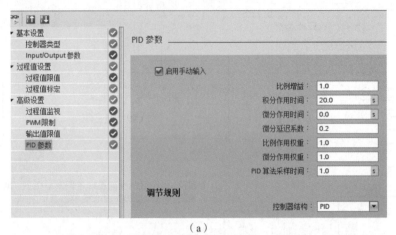

（a）

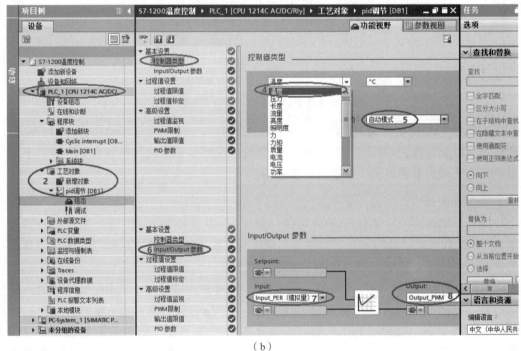

（b）

图 3-13　PID 组态

（a）PID 参数手动输入；（b）PID 工艺对象组态

2）调试面板的应用

在项目树中选择"工艺对象"→"PID_Compact_1［DB1］"→"调试"选项，弹出 PID 调试面板，如图 3-14 所示，该面板主要用于 PID 参数整定，分为手动整定和自整定，下面对其进行简要介绍。

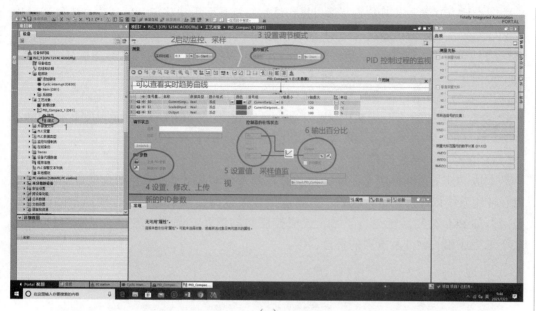

（a）

（b）

图 3 - 14　PID 调试面板示意

（1）手动整定。其主要步骤如下：①单击图 3 - 14（a）中"测量"区域监控启动功能项对应的功能键（由"Start"变为"Stop"）；②单击图 3 - 14（b）中的"转到 PID 参数"功能键，弹出 PID 参数手动输入界面；③输入所需参数后，单击图 3 - 14（b）

中的"上传 PID 参数"功能键。通过操作员站监控画面手动整定 PID 参数，结合 PLC 中的 PID 参数整定处理功能块（FC3）完成。

（2）自整定。如缺乏经验，可启用 PID 工艺块的自整定模式。其主要步骤如下：①单击图 3 – 14（a）中"调节模式"→"自整定模式及启动"对应的功能键（由"Start"变为"Stop"）；②观察"调节状态"区域出现"系统已调节"提示信息，并且"PID 参数"区域的"上传 PID 参数"功能键有效，说明 PID 有关参数已变化；③单击图 3 – 14（b）中的"上传 PID 参数"功能键完成 PID 自整定工作。

3）PLC 控制系统运行

完成 PID 工艺快的组态、调试和 PLC 控制系统的调试工作后，结合项目工艺要求，PLC 控制系统依序进入运行状态，主要包括开关量操作和状态显示、模拟量的修改和显示。如 PLC 控制系统运行正常，说明控制站的组态、调试、运行等工作顺利完成，接下来完成相关软件及资料的备份存档。

3.5　操作员站组态

操作员站与控制站采用 TCP/IP 通信，操作员站网卡的 IP 地址设为 192.168.0.2。根据组态王 7.5 的应用步骤，下面简要介绍设备和变量组态，监控画面所需的趋势曲线、报警、报表、菜单功能模块常识及相关画面组态的实施要点。

3.5.1　设备和变量组态

设备组态类似项目 2，设备名称定义为"S71200PLC"。变量组态根据表 3 – 3～表 3 – 5 的有关要求进行。变量定义集合示意如图 3 – 15 所示。

图 3 – 15　变量定义集合示意

下面以“实际温度”变量组态为例了解模拟量定义的一般规律。其基本属性定义、报警定义、记录定义如图 3－16 所示（安全区和电子签名未作定义）。下面对其相关要点进行简要说明。

学习笔记

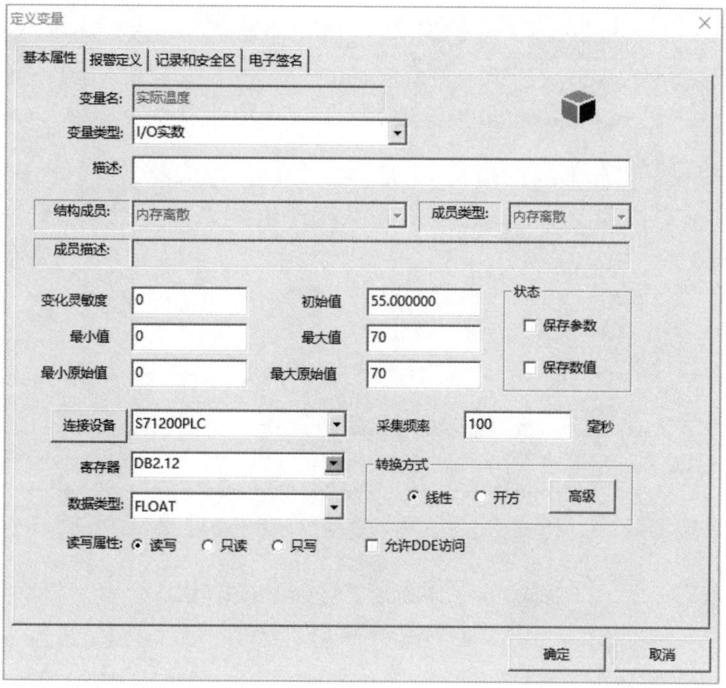

（a）

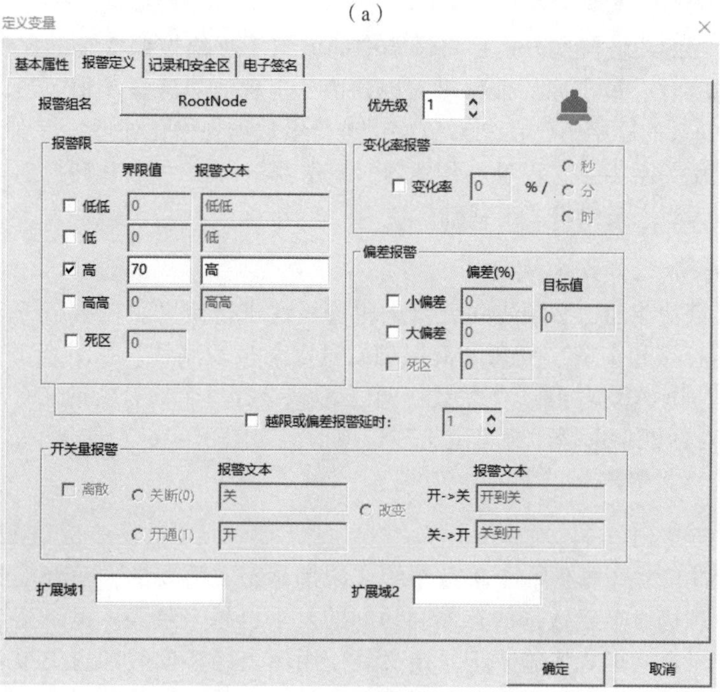

（b）

图 3－16 “实际温度”变量组态

（a）基本属性定义；（b）报警定义

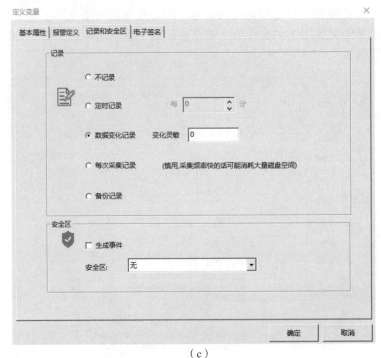

（c）

图 3-16 "实际温度"变量组态（续）

（c）记录定义

1. 线性转换

模拟量常用的线性转换方式是将设备中的值与工程值按照固定的比例系数进行转换。设备中的值对应最小原始值、最大原始值，工程值对应最小值、最大值。本项目"实际温度"变量的原始值已在 PLC 程序中进行了数据规格化处理，特别注意变量在不同环节中的变化关系——工程量→传感器→变送器→PLC 的 A/D 转换通道→PLC 的存储单元，它们为组态及维护奠定基础。

2. 报警定义

在使用报警功能前，必须先对变量的报警属性进行定义。在组态王 7.5 中可以为模拟型（包括整型和实型）变量和离散型变量定义报警属性。在组态王 7.5 "工程浏览器"的"数据库/数据词典"中新建一个变量或选择一个原有变量并双击，在弹出的"定义变量"对话框中选择"报警定义"选项卡，如图 3-16（b）所示，定义"实际温度"变量的"报警限"的上限为 70 ℃。

3. 记录定义

数据存储功能对于任何一个工业系统来说都是至关重要的，随着工业自动化程度的提高，工业现场对重要数据的存储和访问的要求也越来越高。组态王 7.5 中的数据存储功能以记录定义形式实施，记录定义是使用历史趋势曲线和历史报表的前提。在组态王 7.5 中，离散型、整型和实型变量支持历史记录，字符串型变量不支持历史记录。组态王 7.5 的历史记录形式可以分为数据变化记录、定时记录（最小单位为 1 min）和备份记录。

记录定义通过"定义变量"对话框中提供的选项完成。在"工程浏览器"的"数据库/数据词典"中找到需要定义记录的变量，双击该变量打开"定义变量"对话框，选择"记录和安全区"选项卡，如图 3 – 16（c）所示。单击"数据变化记录"单选按钮，即系统运行时，变量的值发生变化，而且当前变量值与上次的值之间的差值大于设置的"变化灵敏"的值时，该变量的值才会被记录到历史记录中。"变化灵敏"的值为 0，表示只要该变量的值有变化就会被记录。

3.5.2 用户登录画面组态

组态王 7.5 除了常规的开发、操作安全管理机制外，在很多场合还引入了"电子签名"安全措施，本项目未考虑电子签名。学生根据用户登录画面的监控要求，并参考图 3 – 17（运行状态），自行完成其组态工作。用户登录画面主要用到点位图、文本、命令、矩形、按钮等元素，下面进行简要说明。

1. 点位图

画面中应用较多的点位图"▭"由两个矩形组合而成，矩形边框的宽度、颜色不同，选中两者后，单击鼠标右键，在弹出的快捷菜单中选择"组合图素"命令。

2. 按钮

按钮主要涉及显示字符串修改和动画连接，所需显示字符串内容参照图 3 – 15，其动画连接统一约定为"按下时"。具体关联内容如下："用户登录"按钮关联 LogOn（）函数，"用户注销"按钮关联 LogOff（）函数，"主界面"按钮关联 ShowPicture（）函数（"主画面"），"退出系统"按钮关联 Exit(0)函数。

3. 文本

文本常用于标识提示信息、输入信息和显示信息。需要输入数值和显示数值的文本对象的动画连接要点如下：根据图 3 – 17 左侧的提示信息和表 3 – 5 关联相应的"模拟值输入"和"模拟值输出"。

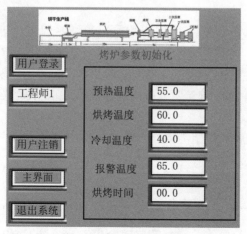

图 3 – 17 用户登录画面及参数设置

3.5.3 主画面组态

根据主画面的监控要求，并参考图 3－18（运行状态），自行完成主画面组态工作。主画面组态的对象主要包括：文本、图库、工艺设备（点位图调用图形文件）、指示灯代表的工作状态、温度给定值与实际值及趋势曲线、工作画面切换命令按钮、远程操作按钮。下面对主画面中几个重点对象的组态作进一步的说明。

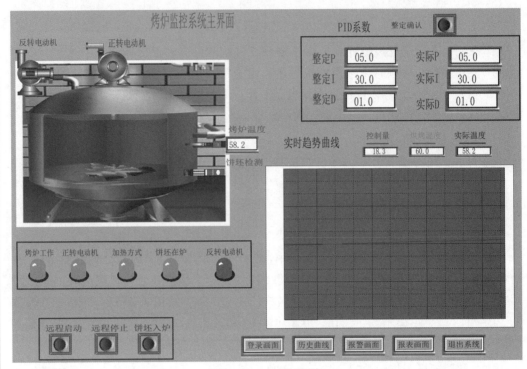

图 3－18 主画面示意

1. 远程操作按钮

1）建立

远程操作按钮"⬤"从图库中导入相应对象到画面后，执行"图库"菜单中的"转换成普通图素"命令，然后改变内部"圆"的颜色，最后对其进行动画连接——"按下时"为"1"，即"整定确认"右侧的远程操作按钮的命令语言为"整定确认 =1"；"弹起时"为"0"，即"整定确认"右侧的远程操作按钮的命令语言为"整定确认 =0"。

2）理解

远程操作按钮的理解和应用需要结合表 3－4、PLC 有关程序和监控画面中的文字标识等。

2. 文本

由于"PID 系数""整定确认"⬤及矩形框中文本的关系比较复杂，所以需要作进一步说明。为了理解它们的关系，需要综合表 3－5、PLC 相关程序、监控画面，把三者融为一体。

矩形框中显示数值的文本分为整定和实际两大类。整定类用于在画面中直接输入所需的 PID 参数，同时兼具数值显示功能。通过按下"整定确认"按钮得到一个脉冲上升沿，主程序块（OB1）调用 PID 参数整定处理功能块（FC3），把整定 P、I、D 变量值传递到实际 P、I、D 变量中，在监控画面中显示出来。此说明关系到后续 DCS 的调试和运行，应在理解的基础上指导实际操作。

3. 实时趋势曲线

主画面的实时趋势曲线组态涉及 3 个方面的内容：①控制量、烘烤温度（设定值）、实际温度 3 个变量的标识，采用文字和线条的不同颜色进行区分；②3 个变量通过文本的动画连接显示其实际值；③用工具箱中的实时趋势曲线组件，直观地显示 3 个变量的变化趋势，用于指导 PID 参数的整定。

3.5.4 趋势曲线组态

1. 趋势曲线常识

1）趋势曲线概况

组态王 7.5 的实时数据和历史数据除了在画面中以数值输出的方式和报表形式显示外，还可以使用功能强大的各种曲线组件进行分析显示。趋势分析是组态软件必不可少的功能，组态王 7.5 对该功能提供了强有力的支持和简单的控制方法。

趋势曲线有实时趋势曲线和历史趋势曲线两种，历史趋势曲线与实时趋势曲线存在一定的共性。实时趋势曲线反映了工艺参数在当前时间段的变化趋势，可用于衡量系统的工作性能，尤其可指导 PID 参数的整定工作。历史趋势曲线反映了工艺参数在过去某段时间的变化趋势，总结历史数据以便指导后续工作，也为追踪员工工作轨迹提供了支撑数据。

2）趋势曲线组件

组态王 7.5 的趋势曲线组件包括趋势曲线、温控曲线、超级 X - Y 曲线，以及控件中的趋势曲线。温控曲线反映出实际测量值按设定曲线变化的情况；超级 X - Y 曲线主要显示两个变量之间的运行关系。

3）趋势曲线特性

趋势曲线外形类似坐标轴，X 轴代表时间，Y 轴代表变量值。实时趋势曲线最多可显示 4 条曲线，而历史趋势曲线最多可显示 16 条曲线，在一个画面中可定义数量不限的趋势曲线。在趋势曲线中可以规定时间间距、数据的数值范围、网格分辨率、时间坐标数目、数值坐标数目，以及绘制曲线的"笔"的颜色属性。画面运行时，实时趋势曲线可以自动卷动，以快速反应变量随时间的变化。历史趋势曲线不能自动卷动，它一般与功能按钮一起工作，共同完成历史数据的查看工作，这些按钮可以完成翻页、设定时间参数、启动/停止记录、打印曲线图等复杂功能。

4）实时趋势曲线

组态王 7.5 提供两种形式的实时趋势曲线：工具箱中的内置实时趋势曲线和实时趋势曲线 Active X 控件。执行"插入通用控件"命令，弹出"插入控件"对话框，在列表中选择"CkvrealTimeCurves Control"选项，即可得到实时趋势曲线 Active X 控件。

5）历史趋势曲线

组态王7.5提供了3种形式的历史趋势曲线：图库中的历史趋势曲线、历史趋势曲线控件、工具箱中内置的个性化的历史趋势曲线。无论使用哪一种历史趋势曲线，都要进行相关配置，主要包括变量属性配置和历史数据文件存放位置配置。另外，需要注意与历史趋势曲线有关的其他配置操作：定义变量范围、对某变量进行历史记录、定义历史库数据文件的存储目录、启动历史数据记录。

（1）图库中的历史趋势曲线。对于这种历史趋势曲线，用户只需要定义几个相关变量，适当调整曲线外观即可完成历史趋势曲线的复杂功能，使用时简单方便。在组态王7.5开发系统中制作画面时，选择"图库"→"打开图库"命令，弹出"图库管理器"，单击"图库管理器"中的"历史曲线"按钮，单击和拖动鼠标即可生成"历史趋势曲线"对象。

（2）历史趋势曲线控件。该控件的功能很强大，使用比较简单。通过该控件，不但可以实现历史数据的曲线绘制，还可以实现工业库中历史数据的曲线绘制、ODBC数据库中记录数据的曲线绘制。在画面中执行"插入通用控件"命令，弹出"插入控件"对话框，在列表中选择"KVHTrend ActiveX Control"选项，单击"确定"按钮即可。

（3）工具箱中内置的个性化的历史趋势曲线。对于这种历史趋势曲线，用户需要对其各个"操作按钮"进行定义，即建立命令语言连接以操作历史趋势曲线。用户使用这种历史趋势曲线时自主性较高，能够进行个性化的设置，但实施复杂，对开发者要求较高。

2. 参考历史趋势曲线画面

根据历史趋势曲线画面的监控要求，并参考图3-19，自行完成其组态工作。历史趋势曲线画面引入图库中的历史趋势曲线和"通用控件"的历史趋势曲线，并根据向导对所需属性进行定义，如"曲线1"关联变量"实际温度"，"输入调整跨度"关联变量"调整跨度"，"卷动百分比"关联变量"调整百分比"。

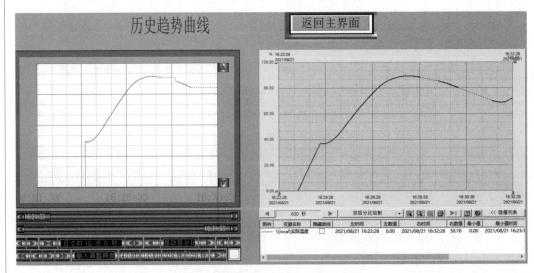

图3-19　历史趋势曲线画面示意图

3. 实时趋势曲线组态要点

1) 创建

在组态王7.5开发系统中制作画面时,选择"工具"→"实时趋势曲线"选项或单击工具箱中的"实时趋势曲线"图素,此时鼠标指针在画面中变为十字形,在画面中用鼠标画出一个矩形,实时趋势曲线就在这个矩形中绘出,如图3-20所示。

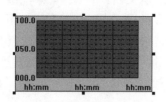

图3-20　实时趋势曲线示意

2) 属性

双击创建的实时趋势曲线,弹出"实时趋势曲线"对话框,如图3-21所示,下面对该对话框中各项设置的含义作简要说明。

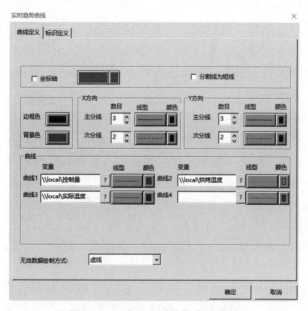

图3-21　定义实时趋势曲线属性

(1) 坐标轴。该复选框用于选择实时趋势曲线坐标轴的线型和颜色。勾选"坐标轴"复选框后,坐标轴的线型和颜色选择按钮变为有效,通过单击线型和颜色选择按钮,在弹出的列表中选择坐标轴的线型和颜色。

(2) 分割线为短线。该复选框用于选择分割线类型。勾选该复选框后,坐标轴上只有很短的主分线,整个绘图区域接近空白状态,没有网格,同时下面的"次分线"选项变灰,图表上不显示次分线。

(3) 边框色、背景色。这两个按钮分别用于规定绘图区域的边框和背景(底色)的颜色。

（4）X 方向、Y 方向。X 方向和 Y 方向的主分线将绘图区域划分成矩形网格，次分线再次划分主分线划分出来的小矩形。这两种线都可改变线型和颜色。分割线的数目可以通过编辑框右边的"加减"按钮增多或减少，也可在编辑框中直接输入。可以根据实时趋势曲线的大小决定分割线的数目，分割线最好与标识定义对应。

（5）曲线。在该区域可以定义所绘的 1~4 条曲线 Y 坐标对应的表达式。实时趋势曲线可以实时计算表达式的值，因此它可以使用表达式。实时趋势曲线名的编辑框中可输入有效的变量名或表达式，表达式中所用变量必须是数据库中已定义的变量。单击右边的"？"按钮可列出数据库中已定义的变量。每条曲线可通过右边的"线型"和"颜色"按钮来改变线型和颜色。在定义曲线属性时，至少应定义一条曲线变量。

（6）标识定义。该选项卡用于标识 X 轴（时间轴）、Y 轴（数值轴）。数值轴的范围是 0~1 对应 0%~100%，标识数目、起始值、最大值、整数位位数、小数位位数、科学计数法、字体、数值格式根据需要设置。时间轴定义区包括标识数目、格式、更新频率、时间长度、字体等选项的设置。

3）为实时趋势曲线建立"笔"

首先使用图素画出"笔"的形状，一般采用多边形；然后定义图素的垂直移动动画连接，可以通过动画连接向导选择实时趋势曲线绘图区域纵轴方向的两个顶点；最后用对应的实时趋势曲线变量所用的表达式定义垂直移动动画连接。

4. 历史趋势曲线组态要点

1）创建

打开组态王 7.5 画面，在工具箱中单击"插入通用控件"按钮或选择"编辑"→"插入通用控件"命令。弹出"插入控件"对话框，在列表中选择"KVHTrend ActiveX Control"选项，单击"确定"按钮，对话框自动消失，鼠标指针变为十字形，在画面中选择控件的左上角，按住鼠标左键拖动，画面上显示一个虚线的矩形框，该矩形框为创建的历史趋势曲线的外框。当达到所需大小时，松开鼠标左键，则历史趋势曲线控件创建成功，画面上显示出该历史趋势曲线，如图 3-22 所示。

2）属性设置

历史趋势曲线控件创建完成后，在控件上单击鼠标右键，在弹出的快捷菜单中选择"控件属性"命令，弹出历史趋势曲线控件的属性设置对话框，按需要设置即可，其"曲线"设置示意如图 3-23 所示。双击控件，弹出控件"动画连接"。单击鼠标右键，在弹出的快捷菜单中选择"控件属性"命令，参考图 3-23 完成所需设置工作。

3）控件常识

控件实际上是可重用对象，用来执行专门的任务，使用控件可以极大地提高工程开发和工程运行的效率。每个控件实质上都是一个微型程序，但不是一个独立的应用程序，通过控件的属性、方法等控制控件的外观和行为，接受输入并提供输出。

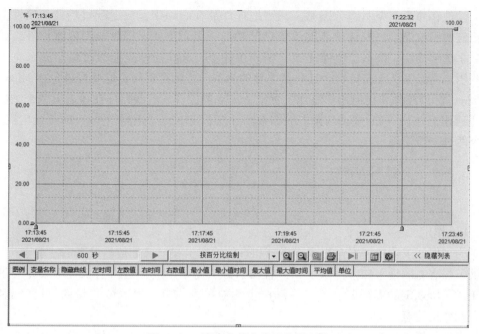

图 3-22 历史趋势曲线控件的创建

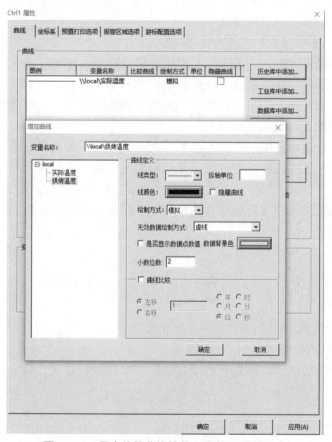

图 3-23 历史趋势曲线控件"曲线"设置示意

控件在外观上类似组合图素，只需把控件放在画面中，然后配置控件的属性，进行相应的函数连接，控件就能完成复杂的功能。组态王 7.5 提供很多内置控件，如列表框、选项按钮、棒图、温控曲线、视频控件等，这些控件只能通过组态王 7.5 主程序调用。组态王 7.5 支持符合其数据类型的 Active X 标准控件，这些控件包括 Microsoft Windows 标准控件和任何用户制作的标准 Active X 控件。这些控件在组态王 7.5 中被称为"通用控件"，可通过工具箱中的图素和开发系统中的"编辑"→"插入通用控件"命令两种方式使用。

3.5.5　报警画面组态

1. 报警概况

1）作用

为了保证工业现场安全生产，报警和事件的产生和记录是必不可少的。组态王 7.5 提供了强有力的报警和事件系统，并且操作方法简单。报警是指当系统中某些变量的值超过了所规定的界限时，系统自动产生相应警告信息，表明该变量的值已经超限，提醒操作员注意。

事件是指用户对于系统的行为、动作，例如修改某个变量的值、登录和注销、启动和退出站点等，事件不需要操作员应答。另外，为了方便查看、记录和区别，要将变量产生的报警信息归到不同的组中。

2）组态王 7.5 中报警和事件的处理方法

当报警和事件发生时，组态王 7.5 把这些信息存于内存的缓冲区中。缓冲区是系统在内存中开辟的用户暂时存放系统产生的报警和事件信息的空间，其大小是可以设置的。在组态王 7.5 的"工程浏览器"中选择"系统配置"→"报警配置"选项，双击后弹出"报警配置属性页"对话框。

报警和事件在缓冲区中以先进先出的队列形式存储，因此只有最近的报警和事件在内存中。当缓冲区达到指定数目或记录定时时间到时，系统自动对报警和事件信息进行记录。用户可以从人机界面提供的窗口中查看报警和事件信息。另外，组态王 7.5 还提供了报警相关函数、变量和变量的报警域，结合命令语言，可以实现更为复杂而实用的控制功能。

2. 参考报警画面

根据报警画面的监控要求，并参考图 3-24，自行完成其组态工作。实时报警与历史报警类似。

3. 报警应用要点

1）定义变量的报警属性

在使用报警功能前，必须先要对变量的报警属性进行定义，并对报警组进行定义及关联。

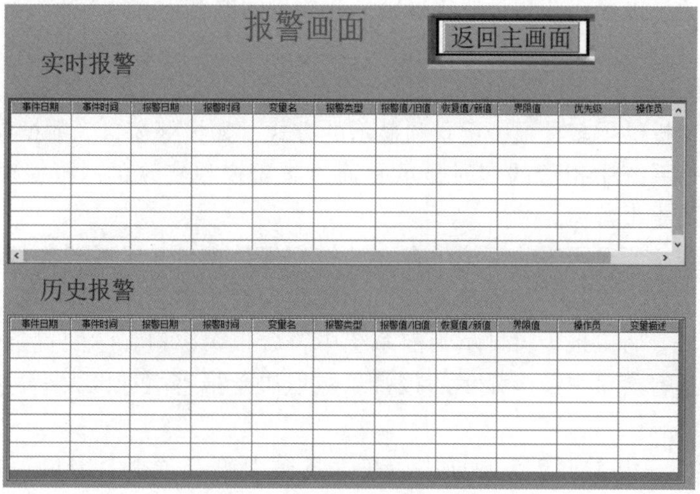

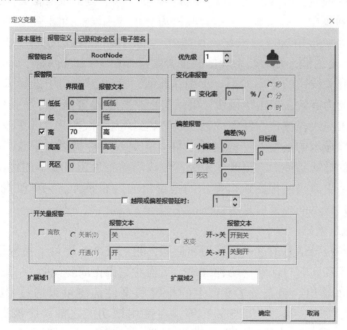

图 3 – 24　报警画面示意

（1）通用报警属性定义。在组态王 7.5 "工程浏览器" 的 "数据库/数据词典" 中新建一个变量或选择一个原有变量双击，在弹出的 "定义变量" 对话框中选择 "报警定义" 选项卡，如图 3 – 25 所示。通用报警属性包括：报警组名、优先级、报警限、变化率报警、偏差报警、开关量报警、扩展域等。

图 3 – 25　通用报警属性定义

（2）模拟变量报警类型。模拟变量报警类型主要有 3 种：越限报警、偏差报警和变化率报警。越限报警和偏差报警可以定义报警延时和报警死区。

（3）离散变量报警类型。离散变量有两种状态：1、0。离散变量报警类型有 3 种状态：①1 状态报警——变量的值由 0 变为 1 时产生报警；②0 状态报警——变量的值由 1 变为 0 时产生报警；③状态变化报警——变量的值有 0 变为 1 或由 1 变为 0 时都产生报警。

2）报警输出显示（报警窗口）

组态王 7.5 提供了多种报警记录和显示的方式，如报警窗口、数据库、打印机等。组态王 7.5 运行系统中报警的实时显示是通过报警窗口实现的。报警窗口分为两类：实时报警窗和历史报警窗。

实时报警窗主要显示当前系统中存在的符合报警窗口显示配置条件的实时报警信息和报警确认信息，当某一报警恢复后，不再在实时报警窗中显示，实时报警窗不显示系统中的事件。历史报警窗显示当前系统中符合报警窗口显示配置条件的所有报警和事件信息，报警窗口中最多显示的报警条数取决于报警缓冲区大小。报警窗口建立步骤如下。

（1）创建。在组态王 7.5 画面中，在工具箱中单击"报警窗口"按钮，或选择"工具"→"报警窗口"选项，鼠标指针变为单线十字形，在画面中的适当位置单击并拖动，绘出一个矩形框，当矩形框大小符合报警窗口大小要求时，松开鼠标左键，则报警窗口创建成功。

（2）配置实时或历史报警窗。报警窗口创建完成后，需要对其进行配置。双击报警窗口，弹出"报警窗口配置属性页"对话框，如图 3 – 26 所示。在此对话框中必须为报警窗口指定名称，可选为实时或历史报警窗，对于历史报警窗必须进行系统报警设置。单击"列属性"选项卡，可设置其所需显示的字段，如图 3 – 27 所示。

（3）运行系统报警窗口的操作。如果在"报警窗配置属性页"对话框中勾选了"显示状态栏"复选框，则运行系统标准报警窗口如图 3 – 28 所示。

工具箱中有关按钮的作用如下。①确认报警：在报警窗口中选择未确认过的报警信息，该按钮变为有效，单击该按钮，确认当前选择的报警信息。②报警窗口暂停/恢复滚动：每单击一次该按钮，暂停/恢复滚动状态发生一次变化。③更改报警类型：更改当前报警窗口显示的报警类型的过滤条件。④更改事件类型：更改当前报警窗口显示的事件类型的过滤条件。⑤更改优先级：更改当前报警窗口显示的优先级过滤条件。⑥更改报警组：更改当前报警窗口显示的报警组的过滤条件。⑦更改报警信息源：更改当前报警窗口显示的报警信息源过滤条件。

3）报警记录输出

为了实现对报警信息的进一步管理和追踪，组态王 7.5 提供了报警记录输出功能，分为数据库输出和实时打印输出两种方式，下面对它们作简要说明。

（1）数据库输出。组态王 7.5 产生的报警和事件信息可以通过 ODBC 记录到开放式数据库中，如 Access、SQL Server 等。在使用该功能之前，应该进行准备工作：首先在数据库中建立相关的数据表和数据字段，然后在系统控制面板的 ODBC 数据源中配置一个数据源（用户 DSN 或系统 DSN），该数据源可以定义用户名和密码等权限。

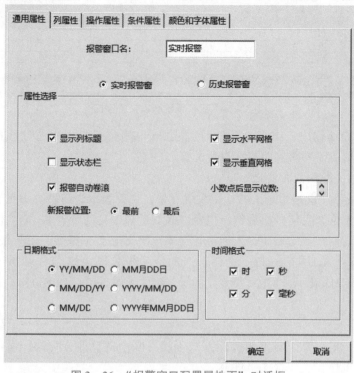

图 3-26 "报警窗口配置属性页"对话框

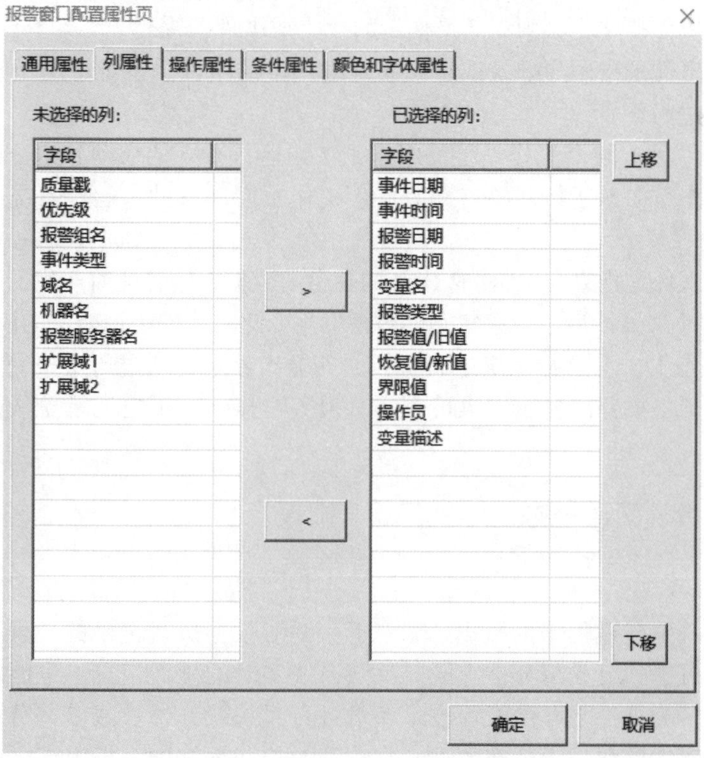

报警窗口配置属性页 ✕

| 通用属性 | 列属性 | 操作属性 | 条件属性 | 颜色和字体属性 |

未选择的列:　　　　　　　　　已选择的列:

字段	
质量戳	
优先级	
报警组名	
事件类型	
域名	
机器名	
报警服务器名	
扩展域1	
扩展域2	

字段		
事件日期		上移
事件时间		
报警日期		
报警时间		
变量名		
报警类型		
报警值/旧值		
恢复值/新值		
界限值		
操作员		
变量描述		下移

>

<

确定　　　取消

图 3-27 报警窗口"列属性"设置

事件日期	事件时间	报警日期	报警时间	变量名	报警类型	报警值/旧值	恢复值/新值

图 3-28　运行系统标准报警窗口

（2）实时打印输出。组态王 7.5 产生的报警和事件信息可以通过计算机并口实时打印，使用之前也需要对实时打印进行配置。

4）报警相关的函数和变量

"＄新报警"变量是组态王的一个系统变量，主要表示当前系统中是否有新的报警产生。系统中无论产生何种类型的新报警，该变量都被自动置为 1。需要注意的是，该变量不能被自动清零，需要用户人为将其清零。组态王 7.5 提供了一些报警操作函数，如报警确认函数 Ack（Tagname or GroupName）、获取报警组名称函数 GetGroupName（StationName，GroupID）、生成实型变量的操作事件函数 SetRealDBForFloat（"VarName"，Value）等。

5）事件概况

组态王 7.5 根据操作对象和操作方式等的不同，将事件分为操作事件、用户登录事件、工作站事件、应用程序事件。

操作事件是指用户修改有"生成事件"定义的变量的值或其域的值时系统产生的事件。要生成操作事件，必须先定义变量的"生成事件"属性。

用户登录事件是指用户登录或退出系统时产生的事件。系统中的用户可以在"工程浏览器"中进行配置。

工作站事件是指某个工作站上的组态王 7.5 运行系统的启动和退出事件，包括单机和网络。组态王 7.5 运行系统启动时产生工作站启动事件，运行系统退出时产生退出事件。

应用程序事件是指来自 DDE 或 OPC 的变量的数据发生变化时产生的事件。对变量定义"生成事件"属性后，当采集到的数据发生变化时，产生该变量的应用程序事件。

事件在组态王 7.5 运行系统中人机界面的输出显示是通过历史报警窗实现的；报警信息既可在历史报警窗显示，也可在实时报警窗显示。历史记录需从文件或数据库中读出显示。

3.5.6　报表画面组态

1. 报表常识

报表是反映生产过程中的数据、状态等，并对数据进行记录的一种重要形式，是生产过程必不可少的组成部分。它既能反映系统实时的生产情况，也能对长期的生产过程进行统计、分析；既可供工程技术人员进行系统状态检查或工艺分析，也可使管理人员能够实时掌握和分析生产情况。在传统的控制系统中，报表记录由操作员手工完成，而在计算机为核心的 DCS 中，报表可由计算机组态软件生成。

组态王 7.5 提供内嵌式报表系统，工程师可以任意设置报表格式，对报表进行组态。组态王 7.5 为工程师提供了丰富的报表函数，可实现各种运算、数据转换、统计分析、报表打印等功能，既可以制作实时报表，也可以制作历史报表。历史报表记录了以往的生产记录数据，对用户来说是非常重要的。历史报表可基于实时报表组件，用按钮关联函数（ReportSetHistData2）触发实现。

组态王 7.5 还支持运行状态下单元格的输入操作，在运行状态下可通过鼠标拖动改变行高、列宽。另外，工程师还可以制作各种报表模板，实现多次重复使用，以提高开发效率。组态王 7.5 还新增了报表向导工具，该工具以组态王 7.5 的历史库或工业历史库为数据源，快速建立所需的班报表、日报表、周报表、月报表、季报表和年报表。

2. 参考报表画面

根据报表画面的监控要求，并参考图 3-29（运行状态），自行完成报表画面组态工作。报表通过创建、组态、函数等环节实施，引入相关控件可实现更为完善而实用的功能。下面对实时报表和历史报表最为常用的功能及函数作简要说明。

图 3-29　报表画面示意

1）实时报表基本功能实现方法

（1）打印：在报表画面中添加一个按钮，按钮的命令语言事件执行函数 ReportPrint2（"报表控件名"）。

（2）存储：在报表画面中添加一个按钮，按钮的命令语言事件执行函数 ReportSaveAs（"报表控件名"，FileName）。

2）历史报表基本功能实现方法

（1）查询：在报表画面中添加一个按钮，按钮的命令语言事件执行函数 ReportSetHisData/2（参数 1，参数 2，…）。

（2）刷新：在报表画面中添加一个按钮，按钮的命令语言事件执行函数 ReportLoad（参数 1，参数 2）。

另外，使用历史报表时，需要对相应变量应进行记录定义、系统历史数据库的配置、历史数据库启动运行工作。

3）菜单及"报表菜单"

报表画面通过"报表菜单"实现有关报表的更多功能，自定义菜单允许用户在运行时选择各菜单项执行已定义的功能。菜单的建立既可利用工具箱中的"菜单"图素，也可借助开发系统中"工具"菜单下的"菜单"命令。"菜单"命令允许用户将经常调用的功能做成菜单形式，以方便用户管理，并对该菜单设置权限，以提高系统操作的安全性。

（1）"菜单"图素建立。选择"工具"→"菜单"命令，鼠标指针变为十字形，将鼠标指针置于画面中的起始位置，此位置就是矩形菜单按钮的左上角；单击并拖曳鼠标，牵拉出矩形菜单按钮的另一个对角顶点。

（2）菜单文本和菜单项定义。绘制出菜单后，定义菜单的各菜单项及其对应功能。双击绘制出的菜单按钮或者在菜单按钮上单击鼠标右键，选择"动画连接"命令，弹出"菜单定义"对话框。在该对话框中定义菜单文本和菜单项，如图 3-30（a）所示。

（3）菜单命令语言。单击"命令语言"按钮可以调出"命令语言"界面，在编辑区书写命令语言来完成各菜单项要执行的功能。这实际是执行一个系统函数 void OnMenuClick（LONG MenuIndex，LONG ChildMenuIndex），MenuIndex 为第一级菜单项的索引号，ChildMenuIndex 为第二级菜单项的索引号，如图 3-30（b）所示。

```
if (MenuIndex==0)
{//弹出查询实时/历史报表，选择有关内容
ReportSetHistData2(4,1); }
if (MenuIndex==1)
{//打印实时报表
ReportPrint2("实时报表"); }
if (MenuIndex==2)
{//打印历史报表
ReportPrint2("历史报表"); }
if(MenuIndex == 3)
{//历史报表页面设置
ReportPageSetup("历史报表"); }
if(MenuIndex == 4)
{//历史报表打印预览
ReportPrintSetup("历史报表"); }
```

（a）　　　　　　　　　　　　　　（b）

图 3-30　菜单定义

（a）菜单文本和菜单项定义；（b）菜单命令语言

3. 创建报表窗口

在画面中，单击工具箱中的"报表窗口"图素，在画面中需要加入报表的位置单击并拖动，画出一个矩形，松开鼠标左键，报表窗口创建成功，如图 3-31 所示。用鼠标拖动可改变报表窗口的大小；选中报表窗口时，将弹出报表工具箱。

双击报表窗口的灰色部分，弹出"报表设计"对话框，如图 3-32 所示。该对话框主要用于设置报表的名称、报表的行列数目以及表格样式。组态王 7.5 中每个报表窗口都要定义一个唯一的标识名，该标识名的定义应该符合组态王 7.5 的命名规则，标识名字符串的最大长度为 31。

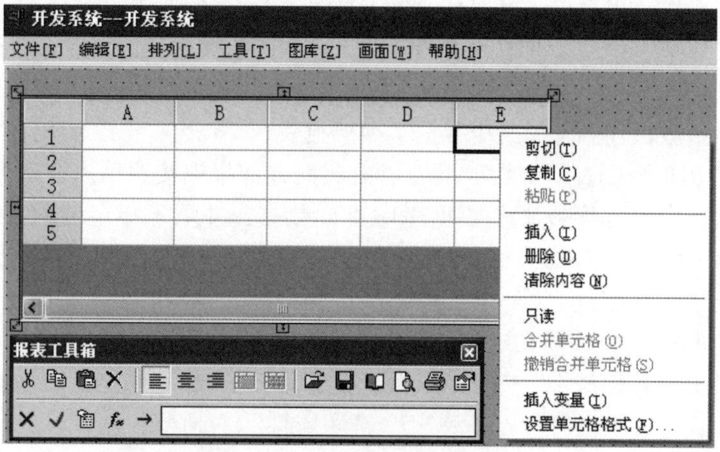

图 3-31　报表窗口

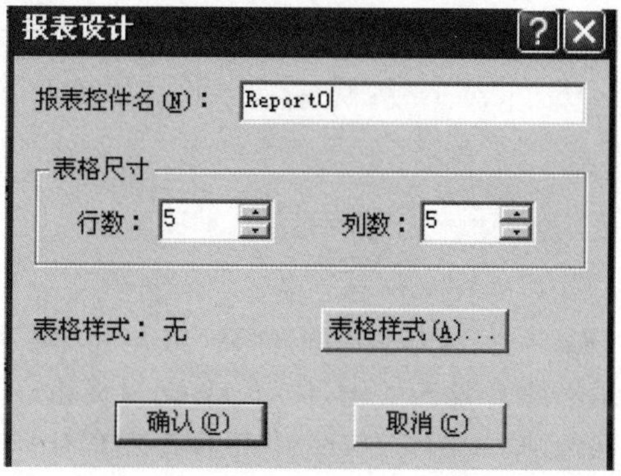

图 3-32　"报表设计"对话框

4. 报表组态

报表创建完成后，呈现的是一张空表或有套用格式的报表，还要对其进行加工，即进行报表组态。报表组态包括设置报表的表头、格式、显示内容等。报表组态通过报表工具箱中的工具或鼠标右键快捷菜单实现，具体参考帮助文档。注意：在单元格中输入变量、引用函数或公式时必须在其前加"="。

5. 报表函数

运行系统中报表单元格中数据的计算、报表的操作等都是通过组态王 7.5 提供的一整套报表函数实现的。报表函数分为报表内部函数、报表单元格操作函数、报表存取函数、报表历史数据查询函数、报表打印函数、报表统计函数等。通过有关函数与命令按钮、控件、数据改变命令语言组合可实现灵活多样的功能。下面对它们作简要说明，具体使用方法参考帮助文档。

（1）报表内部函数。报表内部函数是指只能在报表单元格内使用的函数，有数学函数、字符串函数、统计函数等。其基本上都是组态王 7.5 的系统函数，使用方法相同，只是函数的参数发生了变化，减小了用户的学习量，方便学习和使用。

（2）报表单元格操作函数。在运行系统中，报表单元格是不允许直接输入数据的，要使用函数来操作。报表单元格操作函数是指可以通过命令语言对报表单元格的内容进行操作，或从报表单元格获取数据的函数。这些函数大多只能用在命令语言中。

（3）报表存取函数。报表存取函数主要用于存储指定报表和查阅已存储的报表，用户可利用该函数保存和查阅历史数据、存档报表。

（4）报表历史数据查询函数。报表历史数据查询报表按照用户给定的起止时间和查询间隔，从历史数据库或工业数据库中查询数据，并填入指定的报表。特别注意：①定义变量时，"记录和安全"选项需要进行定义；②历史数据库只有设置"运行时启动历史数据记录"才有效。

（5）报表打印函数。报表打印函数根据用户的需要有两种使用方法：一种是执行函数时自动弹出"打印属性"对话框，用户选择确定后再打印；另一种是执行函数后，按照默认的设置直接输出打印，不弹出"打印属性"对话框，该方法适用于报表的自动打印。

（6）报表统计函数。报表统计函数对所选单元格中的数据进行求和或求平均值操作。

除了以上报表函数，还有报表向导函数、报表设置函数、报表格式设置函数等。

3.6　系统调试和运行

系统调试和运行是 DCS 项目最为重要的环节，也是理论联系实践，深化 DCS 知识理解，强化专业技能和培养综合素质关键环节。系统调试和运行需要严谨、踏实的工作作风，分工协作的团队精神。学生应养成勤于思考，善于分析问题、解决问题的自主学习的习惯。

对 DCS 硬件和软件进行全面的测试检查和调试，主要内容包括：硬件检查、系统检查、操作员站的应用功能检查、控制站的应用功能检查、其他应用功能检查。前面已经完成 PLC 控制系统（控制站）的调试和运行工作，下面对操作员站的应用功能检查进行说明。

1. 通信

在进行操作员站的应用功能检查之前，确保操作员站与控制站通信正常，设置操作员站的 IP 地址（如 192.168.0.2）与控制站的 IP 地址（如 192.168.0.1）在同一网段，且能够 ping 通。确保对操作员站所定义的设备（控制站）测试正常，即能够顺利读取 S7 - 1214C 寄存器数据。

2. 操作员站的运行系统设置

在操作员站运行之前，对画面及其对象从原理上逐一核查是否符合监控要求。在运行组态王 7.5 工程之前，首先在开发系统中对运行系统环境进行配置。在开发系统中选择"配置"→"运行系统"命令或单击工具栏中的"运行"按钮或在"工程浏览器"的工程目录显示区选择"系统配置"→"设置运行系统"命令，弹出"运行系统设置"对话框，"运行系统外观"选项卡如图 3 - 33（a）所示，"主画面配置"选项卡如图 3 - 33（b）所示，"主画面配置"关联"登录和参数设置"画面。

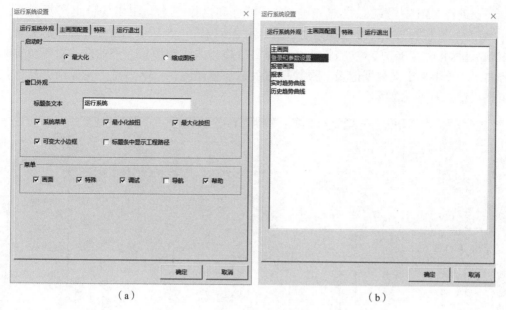

(a)　　　　　　　　　　　　　　　(b)

图 3-33 "运行系统设置"对话框

(a)"运行系统外观"选项卡；(b)"主画面配置"选项卡

3. 操作员站的应用功能检查

1）操作员站离线功能检查

组态王 7.5 的运行基于画面运行系统实现。组态王 7.5 进入运行模式有两种方法：在"工程浏览器"的工具栏中单击"VIEW"按钮、在开发系统中选择"文件"→"切换到 VIEW"命令。组态王 7.5 进入运行模式后，在打开的画面中有"画面""特殊""调试""导航""帮助"菜单便于监控系统运行状态。操作员站进入运行组态后，对画面对象进行离线操作，初步离线验证操作员站对象的相关功能。

2）操作员站在线功能检查

基于 DCS 工作机制，对操作员站和控制站进行联机调试。控制站及现场设备上电后，控制站进入运行组态。操作员站的应用功能检查根据项目工艺要求依序进行。①进行用户登录和参数初始化设置；②启动"模拟烤炉"工作；③有序切换监控画面，对画面中的相关对象进行操作，尤其是进行 PID 参数整定功能的验证；④观察系统的运行效果，有关监控画面的运行结果逐一参考图 3-17～图 3-19、图 3-24、图 3-29；⑤如不能满足项目要求，针对存在的问题进行整改和完善。

3.7　操作员站的TIA博途可视化组态

参照前面组态王 7.5 的组态流程及项目 2 中关于 TIA 博途 V16 的有关内容，自主完成基于 TIA 博途 V16 + S7 - 1200 PLC 平台的烤炉监控项目组态，控制站（PLC）组态完全类似前面内容，系统的调试和运行基本类似前面的相关内容。下面对操作员站组态的主要内容进行简要说明。

在进行 HMI 变量组态之前先进行 PC 硬件和网络组态。HMI 变量组态示意如图 3 -34 所示。监控界面组态中用户登录组态示意如图 3 -35 所示。监控界面中趋势视图组态示意如图 3 -36 所示。趋势曲线分为实时趋势曲线和历史趋势曲线，对于历史趋势曲线需要事先定义数据记录。报警视图组态示意如图 3 -37 所示。主界面 PID 监控组态示意如图 3 -38 所示。

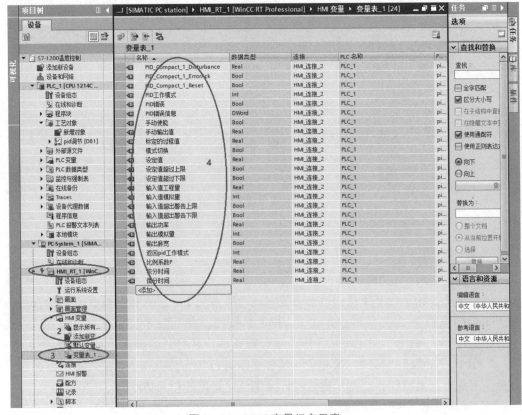

图 3 -34　HMI 变量组态示意

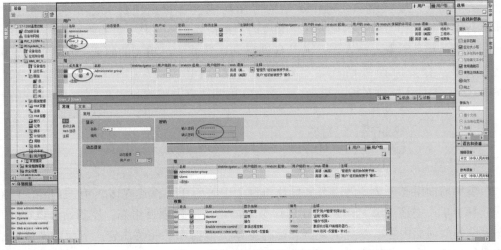

图 3 -35　用户登录组态示意

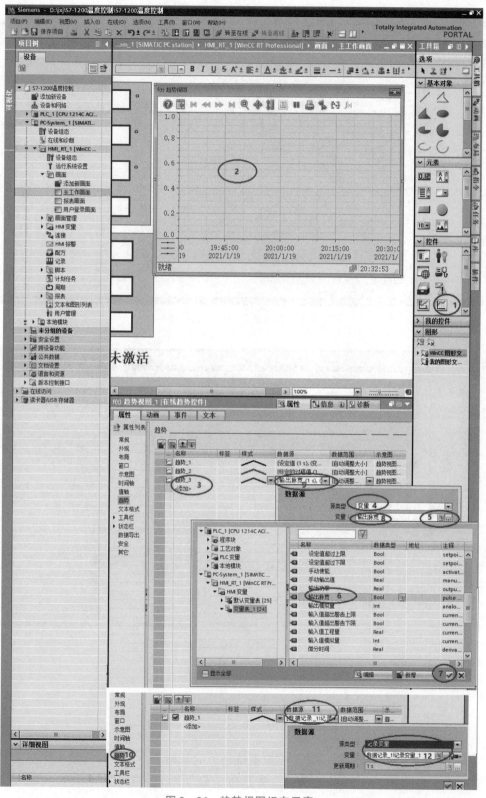

图 3-36　趋势视图组态示意

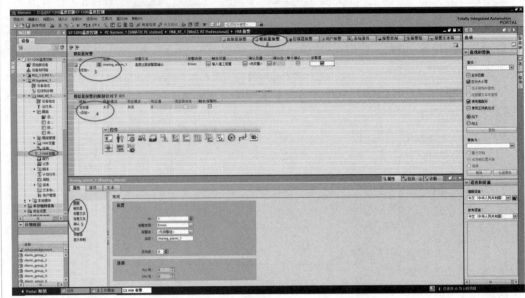

图 3-37　报警视图组态示意

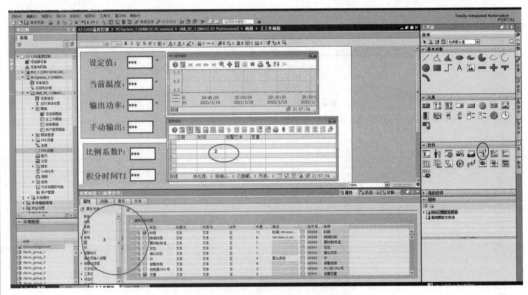

图 3-38　主界面 PID 监控组态示意

总　结

　　在学习 DCS 基本知识、机械手监控系统项目的基础上，本项目立足于生产实践中具有广泛代表性的"烤炉监控系统"，基于 DCS 实训平台，精简控制工艺，以"模拟"方式对烤炉监控系统进行组态、调试和运行。

本项目围绕 DCS 硬件和软件基本架构，操作员站以组态王 7.5 为主，控制站选用最为经典的西门子 S7 – 1200 PLC，控制级选用实验室平台，重在强化组态软件功能模块的应用，突出趋势曲线、报警、报表和 PID 工艺等功能模块的使用。

本项目进一步完善和拓展 DCS 工程设计内涵，可类推至其他领域的应用。在教学过程中，可结合教学资源库、手册、指导书、工程案例等相关资料的收集、整理、分析、总结、提炼，实现"以点带面、触类旁通"的拓展及创新能力培养。

项目 4 DCS 综合应用

4.1 项目概况

通过前面 3 个项目的学习，学生已经掌握了 DCS 的基本知识、相关技能和简单工程项目的开发方法，但前 3 个项目在控制参数、过程、系统设备等方面都比较简单，与生产实际与专业培养定位存在一定差距。学生应从简单项目步入实用的综合性工程项目，在具备 DCS 基本常识和应用技能的基础上，进一步掌握 DCS 硬件和软件在工程项目中的应用，全面提升专业、职业素质。本项目的主要目的在于深化 DCS 设计、培养实施工程项目的思维方法和提升工程技能，并进一步提升综合素质。

本项目主要使学生通过自主学习对接生产实践。本项目所介绍的方案和有关硬件、软件设计知识为就业奠定坚实的基础。基于项目工艺，对接实训平台，使学生实现自我完善和跨越递进，将所学知识进一步延伸到其他平台乃至不同领域、不同工艺背景的 DCS 项目。

本项目的主要内容包括两部分：①基于实训平台实现真空钎焊炉监控系统和生产监控系统，结合生产项目背景，立足于仿真模拟，从硬件结构、软件模块应用、工程项目应用等方面进一步深化 DCS 学习和应用；②围绕 DCS 工程项目设计常识，方案设计，性能评估，维护、管理规范和规律等内容，全面深化 DCS 工程应用，为对接 DCS 相关岗位奠定良好的基础。

项目工作页任务如下。

（1）根据实际情况，自主完成项目。

（2）自主学习浙江中控 JX－300X DCS 相关知识。

（3）调研收集 DCS 应用素材，总结主要生产、控制工艺，并绘制系统逻辑结构图。

（4）总结 DCS 安装、维护、管理、设计的主要内容。

（5）收集整理 DCS 相关工作岗位及素质要求。

（6）搜索整理 DCS 发展趋势和新技术应用。

4.2 真空钎焊炉监控系统

4.2.1 概况

1. 引言

真空钎焊炉在钎焊时处于真空状态，能起到保护、除气、净化和蒸发作用，避免出现氧化、增碳、脱碳和污染变质等现象；用真空钎焊的工件所构建的高温高强度的材料系统，具有无污染、节能、改善工作环境等优点。总之，真空钎焊由于具有很好的性能，不仅在航空、航天、原子能和电气仪表等尖端工业中成为必不可少的生产手段，而且在石油、化工、汽车等机械制造领域得到推广和普及。

以 SZQL-1 双室冷壁真空钎焊炉监控系统作为项目背景，该系统主要由真空系统和加热系统及有关控制设备组成。真空系统用来满足真空钎焊生产工艺所要求的真空度，加热系统用来对零件加热并熔化钎料，完成零件钎焊。真空钎焊炉监控系统总体结构示意如图 4-1 所示。真空钎焊过程的工作周期示意如图 4-2 所示。

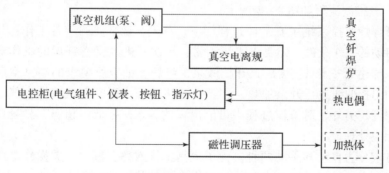

图 4-1 真空钎焊炉监控系统总体结构示意

针对传统控制系统架构的缺陷，从系统功能和用户需求出发，引入高效而实用的分布式监控系统。在真空钎焊炉监控系统中引入 DCS，简化传统控制系统硬件结构，既便于设备维护，又为企业信息化建设和应用提供基础平台；同时，引入实时监控，显著提升真空钎焊控制性能。根据项目页工作任务，本项目的主要工作围绕三个方面：

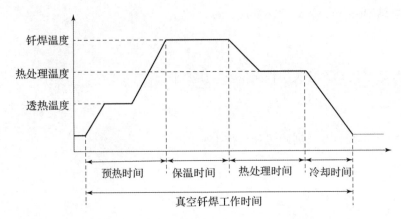

图 4 - 2　真空钎焊过程的工作周期示意

构筑 DCS 硬件、实施工艺控制方案、实施组态监控。根据真空钎焊实际工艺的要求，实际系统主要性能指标如下。

（1）工作温度：高温室为 500 ~ 1 300 ℃；低温室为 450 ~ 700 ℃。

（2）炉温均匀性：高温室为（1 000 ± 5）℃；低温室为（600 ± 3）℃。

（3）温控精度（绝对值）：高温室为 ≤5.5‰；低温室为 ≤5.5‰。

（4）升温速率：100 ~ 1 000 ℃/h 无级调节。

（5）真空度：高温室的极限真空度为 2×10^{-4} Pa，工作真空度为 1×10^{-3} Pa；低温室的极限真空度为 3×10^{-4} Pa，工作真空度为 2×10^{-3} Pa。

（6）抽真空时间：高温室为 20 min 抽到工作真空；低温室为 30 min 抽到工作真空。

2. 控制工艺流程

两个炉室的组成和工作原理完全类似，并共用部分控制设备。真空钎焊炉监控系统的控制逻辑由 PLC 编程实现，结合项目工艺，PLC 主要 I/O 开关信号时序图如图 4 - 3 所示，其控制流程如图 4 - 4 所示。

真空钎焊炉监控系统主要工作过程如下。首先，做必要的准备工作；其次，验证真空钎焊启动的工作条件，即要求水压正常；再次，进入真空钎焊的工作流程，开机械泵，待系统达到一定真空度后，开扩散泵，将炉室抽至所要求的高真空度后，按系统所预置的温控曲线进行升温加热。在整个加热过程中真空系统持续抽气，以维持所要求的真空度。另外，对工作过程中可能出现的停水、断偶、超温 3 种异常情况，按要求进行相应处理。

工作方式分为自动和手动两种。为了提高工作效率，减少开关操作，控制站以自动工作方式为主。手动工作方式的单步流程主要是基于维护需要，即为了便于真空钎焊炉监控系统调试和紧急情况处理而设置手动工作方式。

图 4 - 3 所示 PLC 主要 I/O 开关信号时序关系由真空钎焊工艺流程所决定，通过 PLC 编程实现。水压信号由水压表的继电器输出接点提供（水压表的水压正常是真空钎焊工作的基本条件），接至 PLC 的 X04 输入继电器。按下启动按钮 SB1 后，PLC 的输出继电器 Y01 和 Y02 接通，开机械泵和粗阀，炉室进入真空的"粗抽"工作阶段。当

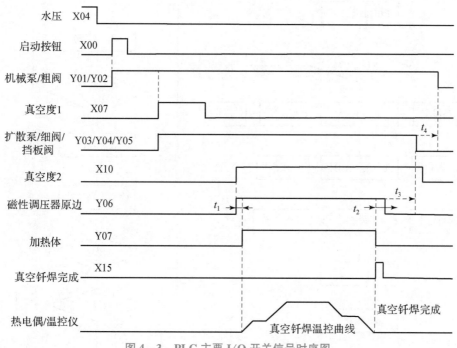

图 4 - 3　PLC 主要 I/O 开关信号时序图

炉室真空度高于 100 Pa 时，真空仪内部的低真空继电器开关接通；PLC 的输入继电器 X07 闭合，PLC 输出继电器 Y03 和 Y04 闭合，开扩散泵和细阀，炉室进入真空的"精抽"工作阶段。当炉室真空度高于 0.001 Pa 时，真空仪的高真空继电器开关接通；PLC 的输入继电器 X10 闭合，PLC 的输出继电器 Y06 得电，磁性调压器原边得电；延时 t_1 后，启动加热体，按预置的温控曲线工作，炉室的工作温度按可编程智能调节器预置的温控曲线自动调节。温控完成后，由可编程调节器发出信号，输入继电器 X15 闭合，首先切断加热体的工作电源，延时 t_2 后，切断磁性调压器电源。延时冷却 t_3 后，关扩散泵和细阀，再延时冷却 t_4，关机械泵。至此，完成真空钎焊所有工作流程。

4.2.2　系统常规硬件方案分析

1. 继电器与模拟仪表组合

采用大量继电器构成电气控制系统，利用继电器通/断的状态切换完成真空钎焊工艺流程，并利用具有单回路调节器的模拟仪表实现温度 PID 控制。此形式主要以手动操作为主，操作烦琐、劳动强度高、PID 参数整定复杂，存在可靠性较差和精度较低等问题，目前已完全被淘汰。

2. 继电器与数字仪表组合

此种组合用较高性能的数字仪表取代模拟仪表，数字仪表提供一定的人机交互界面，其优点在于数字仪表具有可编程特性、PID 参数整定较简单，主要盛行于我国在 20 世纪 80 年代所建造的真空钎焊炉监控系统中，已逐步被其他方案所替代。

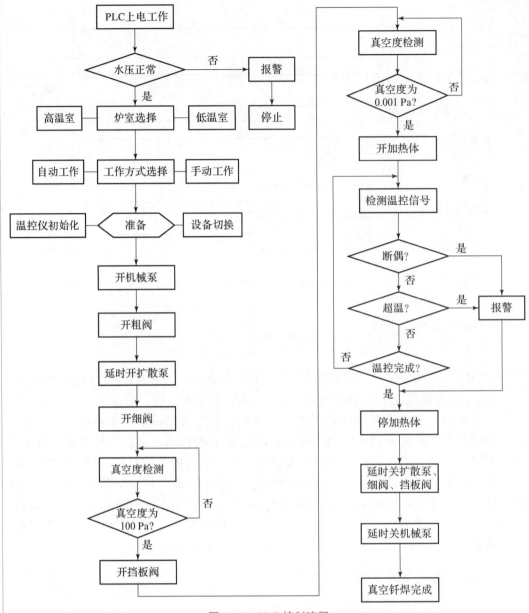

图 4 - 4   PLC 控制流程

3. PLC 与智能数字仪表组合

此种组合由高性能可编程控制器取代传统的继电器控制系统，并由具有一定智能作用的数字仪表取代常规数字仪表，仪表智能化主要表现在具有一定自整定 PID 参数能力及通信端口。此种组合实现了传统控制系统向新型自动化系统的飞跃，而且具有较高的性能指标，在现有真空钎焊炉监控系统中占有重要地位。下面基于某公司的 SZQL - 1 双室冷壁真空钎焊炉监控系统，对硬件平台、工作原理、信号情况作进一步说明。

1）典型硬件平台

根据项目背景及真空钎焊炉监控系统总体结构示意（图 4 - 1），可进一步确定系统硬件总体结构示意，如图4-5所示，PLC电气控制系统结构示意如图4-6所示。热电偶及可编程智能调节器（日本岛电FP21）、真空仪（ZDF-Ⅲ）和水压表属于传感器类设备，其主要功能包括采集和显示工作参数，与上位机进行数据通信，进行PID控制，根据设定的上、下限值输出数字开关量到PLC中。PLC接收输入数字开关量，分为Ⅰ类和Ⅱ类，Ⅰ类输入针对手动控制按钮，Ⅱ类输入主要针对仪表类开关信号。PLC按照真空钎焊工艺流程输出开关信号，控制相关设备工作，分为3类；第一类为控制输出，控制工艺设备按控制要求动作；第二类为工艺设备工作状态指示输出，用于调试和维护；第三类为报警输出，用于处理停水、断偶、超温的报警工作。工控机通过与PLC和仪表通信，实现系统全面监控功能。

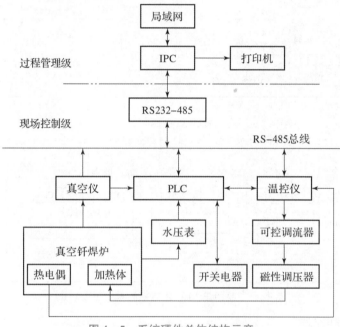

图4-5　系统硬件总体结构示意

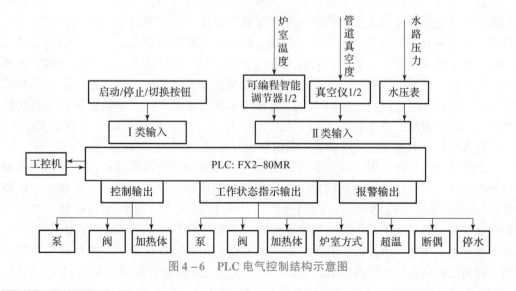

图4-6　PLC电气控制结构示意图

真空钎焊炉监控系统用于控制高、低温两个炉室的真空钎焊工作，在双炉室共用电气设备的同时，需对各炉室专用的工作设备进行相应切换。为了进一步了解硬件平台的工作关系，下面给出高温室 PLC 电气控制系统接线示意，如图 4 – 7 所示。PLC 继电器输出开关量一般通过接触器驱动有关设备工作，为了在现场直观地显示有关设备的工作状态，PLC 的输出继电器外部并接了所需的指示灯。PLC 不仅控制真空钎焊的正常工作流程，而且对系统工作过程中的意外情况进行相应报警处理。

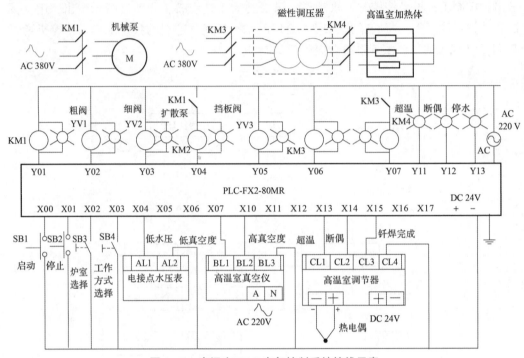

图 4 – 7　高温室 PLC 电气控制系统接线示意

2）系统工作原理

真空钎焊炉监控系统主要由真空系统和加热系统及有关控制设备组成，真空系统用来满足真空钎焊过程所要求的真空度，加热系统使零件加热并熔化钎料，完成零件钎焊。真空系统由机械泵、扩散泵、细阀、粗阀和挡板阀等组成，真空机组完成抽真空操作。机械泵为粗真空装置，其动力源是 1 台三相交流电动机，三相交流电动机通过交流接触器控制机械泵的工作与停止。扩散泵为高真空装置，借助前级机械泵和扩散泵油及电炉加热的作用完成高真空度的抽气工作。通过交流接触器的吸合与断开控制电加热炉的通断，进而控制扩散泵的动作与停止，满足系统对真空度的工艺要求。高、低真空度一般用真空仪所设置的限值输出开关量，配合真空钎焊相应工艺。

温度是真空钎焊过程中的主要性能指标，由可编程智能调节器按调节规律处理温度偏差后输出到磁性调压器的控制端，控制磁性调压器、加热体及炉室温度。加热系统由加热电源和加热体组成，加热电源选用磁性调压器，即磁性调压器（TSH – 63KVA）是加热体的工作电源。利用直流激磁电源实现无触点带负载的平滑无级调压，直流激磁电源由功率调控器控制，而功率调控器利用可编程智能调节器的输出实现控制，即通过热电偶检测炉温当前值与设定值之差，经可编程智能调节器的 PID 运算后，输出 4~20 mA 的直流控制信号，控制磁性调压器的励磁电压，按所需的温控曲线实现加热电流和温度的自动调控，满足真空钎焊对温度的工艺要求。

3）系统 I/O 信号概况

在真空钎焊炉监控系统中，需要采集的模拟量包括两个炉室的高、低真空度和两个炉室加热区域的工作温度，分别用真空仪和热电偶完成采样。需要采集的数字开关量包括：众多手动切换和启/停按钮，可编程智能调节器的超温、断偶报警及真空钎焊完成开关信号，用于测试冷却循环水的水压表开关信号和真空仪所设置上、下限真空度对应的开关信号，输入信号合计 32 个。需要输出的数字开关信号包括与真空钎焊工艺流程对应的有关设备控制信号和工作状态及报警指示信号，输出信号合计 33 个。

4）系统通信

根据系统硬件总体结构示意（图 4-5），工控机、PLC、温控仪、真空仪智能设备具备 RS-485 串行通信端口；通信程序及监控界面可利用高级语言 VB、VC 开发，对开发者要求高、难度高。引入专业而成熟的组态软件不仅能降低开发难度，提升开发效率，还能提高系统的可靠性和安全性。

4.2.3　系统实施参考方案

1. 概况

根据 DCS 的要求和硬件组态设计思想，采用分层的体系结构。系统上位机选用具有很高可靠性和适用于工业环境的 IPC。IPC 作为工程师站/操作员站，PLC 作为控制站的核心。各种传感器和执行器作为现场控制设备。

通信是 DCS 实现集中管理和分散控制的基础，数据信息的采集和输出需要有关设备之间进行实时和可靠的信息交流，以确保系统各组件协调工作。在本系统中，主要需要确定作为操作员站的 IPC 与作为控制站的 PLC 的通信方式，由于 PROFIBUS-DP 现场总线和 TCP/IP 通信应用广泛，故采用 TCP/IP 网络架构。

本项目源于实际真空钎焊炉背景，但在教学过程中，应结合实训平台配置情况，立足于控制方案、系统实施、专业技能及系统的"真实性"，淡化真空钎焊炉设备、生产工艺、控制指标的"真实性"。考虑到实训平台的配置情况，对硬件平台、控制工艺流程和控制指标进行灵活调整，立足于自动工作方式，淡化手动工作方式（在生产现场，为了确保安全可靠，尤其在出现计算机或网络故障时，需要以手动工作方式应急处理），重新拟定实施方案。下面对系统功能和工艺流程等内容作进一步说明。

2. 工艺流程实施方案

为了指导后续的系统硬件设计和系统软件开发工作，明确工艺流程实施方案至关重要。为了确保真空钎焊炉安全、可靠、高效地工作，在实施工艺流程时，以自动工作方式为主，以手动工作方式为辅。自动工作方式以控制站的 PLC 为主，以操作员站为辅。手动工作方式可以利用 PLC 外接输入按钮回路，也可以利用操作员站的监控界面中所组态的功能按键，甚至 DCS 的操作员键盘实施手动控制。

根据本项目的定位、实训平台情况，立足于真空钎焊的自动工作方式，把真空钎焊炉监控系统中的真空系统和温度系统有关工作流程分解到1#控制站和2#控制站实施，它们的工作方式关系参考图4-8，至于真空度和温度过程控制的实施方案将在控制站程序开发部分作进一步说明。

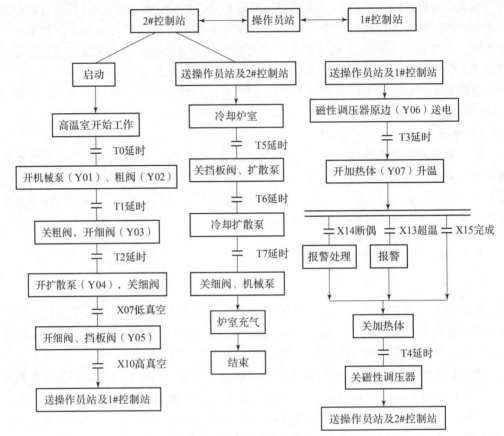

图4-8 工艺流程自动工作方式关系示意

3. 系统总体功能框图

典型的DCS架构由工程师站、操作员站、控制站、现场级设备及通信网络组成。由于高温室和低温室工作原理和工艺流程类似，所以本项目选取一个炉室作为实施对象。综合上述分析，引入1#控制站和2#控制站，作为典型代表分别选用S7-1500 PLC和S7-1200 PLC应用系统，组态软件选用西门子的TIA博途V16及组态王7.5。系统总体功能框图如图4-9所示。

4. 工作站数据通信方式

两个控制站与操作员站利用PROFIBUS-DP或TCP/IP通信方式，对有关数据通信方式及共享方式需进一步明确，以指导后续组态工作。根据上述系统总体功能框图，可选用PROFIBUS-DP或TCP/IP通信方式，建议首选TCP/IP通信方式。另外，有两种情形还需进一步确定：①两个控制站不需要直接进行通信，所需交换信息通过操作员站中转；②两个控制站直接进行通信，操作员站分别对控制站进行监控。下面基于TCP/IP的第一种情形说明相关软件组态和开发工作。

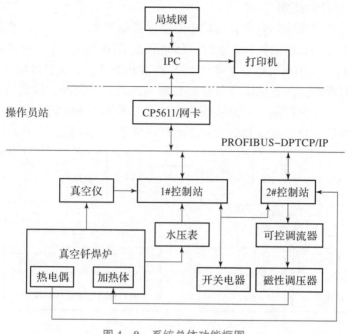

图4-9 系统总体功能框图

5. 操作员站的主要功能模块

操作员站运行相应的实时监控程序,对整个系统进行监视、控制和管理。应明确操作员站的主要功能模块,以为后续软件组态及开发提供基本方向。操作员站主要包括工艺流程图显示、趋势显示、参数列表显示、报警监视、日志查询、系统设备监视、操作功能、菜单选项、记录、查询等功能模块,它们可分解组合为多个窗体。

4.2.4 系统硬件设计

系统硬件设计基于DCS体系结构中的工程师站、操作员站、控制站、现场级设备及通信网络设计工作,既要遵循DCS硬件设计基本原则、设计规范,系统工艺和性能指标及软件功能模块协调等方面的要求,还要结合实施方案和实训平台的实际情况。下面主要从硬件结构设计、系统I/O信号和系统安装接线3个方面进行指导性介绍,更进一步的具体工作由各小组自主完成。

1. 硬件结构设计

1)硬件实施平台

DCS实验室普遍配置了西门子S7-1200 PLC、S7-1500 PLC核心控制站。项目实施平台可确定为"硬件-计算机+PLC",计算机作为DCS的工程师站和操作员站;一方面需要安装相关软件,另一方面组态开发所需软件,并运行监控软件。S7-1500 PLC、S7-1200 PLC及其模块作为控制站,执行程序,完成真空钎焊工艺流程。实训平台上的模块、仪表、电气开关等设备作为现场控制级及被控对象,作为"模拟"的检测输入、控制输出和被控对象。操作员站与控制站采用TCP/IP通信方式,控制站与现场控制级采用4~20 mA模拟信号、0~24 V数字开关信号。

2）硬件总体结构框图

温度控制模块"模仿"真空钎焊炉中的温度控制对象；直流电动机调速模块"模仿"真空钎焊炉中抽真空的机械泵；S7-1500 PLC 应用系统作为本项目 DCS 的 1#控制站，S7-1200 PLC 应用系统作为本项目 DCS 的 2#控制站。如此设计既实现真空钎焊炉逻辑和回路控制要求，又实现操作员站与控制站的通信。同时，控制站不仅实现了温度的"模拟" PID 过程控制，还能实现真空度的"模拟" PID 过程控制。结合前面的内容，真空钎焊炉监控系统在 DCS 实训平台的硬件总体结构框图如图 4-10 所示。

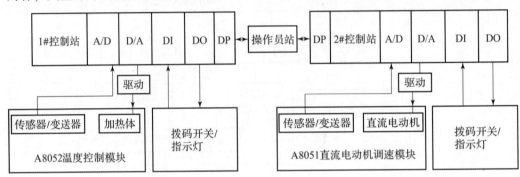

图 4-10 硬件总体结构框图

3）系统配置和选型

基于 DCS 实训平台构建真空钎焊炉监控系统，其核心功能模块包括：S7-1500 PLC 应用系统、S7-1200 PLC 应用系统、PWM/FV 驱动转换模块、温度控制模块、直流电动机调速模块、测速模块、温度检测变送模块。有关功能模块的特性、应用可参考实验指导手册的相关内容。

2. 系统 I/O 信号

根据系统方案、控制工艺要求和硬件平台，列出所有的控制及采集信号，既为进一步确定系统硬件配置及实际安装奠定基础，也为后续系统软件开发提供依据。下面按照模拟量输入信号、模拟量输出信号、开关量信号，列出主要信号的相关信息作为参考。

1）模拟量输入信号清单

模拟量输入信号清单格式见表 4-1，简要说明如下。

表 4-1 模拟量输入信号清单格式

序号	仪表位号	注释	工程单位	量程上限	量程下限	转换类型	报警级别	报警上限	报警下限	采样周期/s	站号	PLC通道号（地址）	组态变量	备注
1	TI0	温度	℃	100	0	4~20 mA	—	60	30	1	1#	—	温度	模仿炉室
2	SI0	转速	r/m	250	0	2~10 V	—	220	20	1	2#	—	转速	200、100分别模仿高、低真空度

（1）仪表位号：该测点在系统中对应的仪表的工位号，用仪表信号表示该点的名称，以便操作员熟悉和掌握。

（2）注释：对该信号进行说明性描述，如温度、转速等。

（3）工程单位：该信号的物理量单位，如 m、℃、MPa、r/m 等。

（4）量程上限和量程下限：对应变送器（或传感器）输出最高、最低值时的物理量值。

（5）转换类型：信号的转换类型，如 4～20 mA、2～10 V、TC（K）、RTDPt（100）等。

（6）报警级别：不同的 DCS 对报警的处理不同，强调信号越限处理要求的紧急程度。

（7）报警上、下限：分别表示引起信号报警的上、下限值，还可引入报警上上、下下限，以增大报警的极限值。

（8）采样周期：信号测量周期。

（9）站号、通道号：指定信号在控制站中的物理位置，为安装和编程应用提供依据。

（10）组态变量：关联控制站和操作员站的数据库成员，为组态和实时监控奠定基础。

（11）备注：补充性功能说明，如监控界面中的显示要求。

2）模拟量输出信号清单

模拟量输出信号清单格式见表 4-2。模拟量输出信号的特性基本类似模拟量输入信号的特性，增加了操作记录。因为模拟量输出信号大都与控制执行机构相连，所以为了安全和故障检查需要，每次操作员对模拟量输出信号进行处理（手动操作）之后，系统都应进行记录。操作记录可以为以下内容：不记录、存盘、打印、存盘打印等。

表 4-2 模拟量输出信号清单格式

序号	仪表位号	注释	工程单位	量程上限	量程下限	转换类型	操作记录	控制方式	采样周期/s	站号	通道号	组态变量	备注
1	T00	温度回路	mA	20	4	24 V -0 V	—	PID 自动/手动	1	1#	—	—	—
2	S00	转速回路	mA	20	4	24 V -0 V	—	PID 自动/手动	1	2#	—	—	转速代真空

3）开关量信号清单

表 4-3 所示开关量信号清单格式以 S7-1200 PLC 作为参考。①考虑到实训平台数字开关量的实际配置情况，在后续控制站的功能流程设计及编程中，在此基础上作进一步取舍；②为了简化本项目实施，本项目基于"单炉室的自动工作方式"；③为完善

工艺和监控预留发挥空间。为此，表4-3主要列出工艺流程自动工作方式所对应的开关量信号测点，手动工作方式的输入量和报警输出量暂不考虑。

表4-3 开关量信号清单格式

序号	仪表位号	注释	信号类型	操作记录	置0说明	置1说明	初始值	采样周期/s	站号	通道号	组态变量	备注
1	DI0	启停	输入	—	启动	停止	1	—	2#控制站	I0.0	—	1-打开
2	DI1	低真空度	输入	—	未达标	达标	0	—	2#控制站	I0.1	—	0-关闭
3	DI2	高真空度	输入	—	未达标	达标	0	—	2#控制站	I0.2	—	
2#控制站输入合计：3												
4	DI3	启停	输入	—	启动	停止	1	—	1#控制站	I0.0	—	—
5	DI4	超温	输入	—	否	是	0	—	1#控制站	I0.1	—	—
6	DI5	断偶	输入	—	否	是	0	—	1#控制站	I0.2	—	—
7	DI6	真空钎焊完成	输入	—	否	是	0	—	1#控制站	I0.3	—	—
1#控制站输入合计：4												
8	DO0	机械泵	输出	—	停止	起动	0	—	2#控制站	Q0.0	—	—
9	DO1	粗阀	输出	—	停止	起动	0	—	2#控制站	Q0.1	—	—
10	DO2	细阀	输出	—	停止	起动	0	—	2#控制站	Q0.2	—	—
11	DO3	扩散泵	输出	—	停止	起动	0	—	2#控制站	Q0.3	—	—
12	DO4	挡板阀	输出	—	停止	起动	0	—	2#控制站	Q0.4	—	—

学习笔记

序号	仪表位号	注释	信号类型	操作记录	置0说明	置1说明	初始值	采样周期/s	站号	通道号	组态变量	备注
2#控制站输出合计：5												
13	DO5	磁性调压器	输出	—	停止	起动	0	—	1#控制站	Q0.0	—	—
14	DO6	加热体	输出	—	停止	起动	0	—	1#控制站	Q0.1	—	—
1#控制站输出合计：2												

3. 系统安装接线

践行工匠精神除了体现在项目设计开发方面，在系统安装接线方面尤其需要高度的责任心和严谨的工作作风，否则可能导致严重的后果。根据系统硬件设计框图、I/O信号分配表，绘制相应系统接线图，以指导系统硬件安装工作。1#控制站温度控制模块接线图、2#控制站电动机调速模块接线图参考项目3的烤炉监控系统接线图，其他接线图由各小组自主完成。根据系统接线图和安装规范，指导系统安装接线工作。系统安装完毕后不仅需要进行外观检查，还需要进行电气测试（尤其在通电之前），并经教师审查同意。

4.2.5 系统软件开发

硬件是DCS项目实施的基本条件，而软件是DCS项目实施的灵魂，系统软件开发具有多样性、复杂性和创新性。前面几个项目的学习为本项目的实施，尤其是系统软件开发工作奠定了良好的基础。1#控制站采用西门子S7-1500 PLC，2#控制站采用西门子S7-1200 PLC，工程师站需要安装TIA博途V16，工程师站上的监控开发组态软件以"博途可视化"为主。下面分别简要介绍控制站、操作员站和通信组态软件开发的相关内容，具体实施工作由各小组自主完成。

1. 1#控制站程序开发

上述系统实施参考方案和系统硬件设计，尤其是系统I/O信号清单和工艺流程，为控制站程序的开发工作奠定了坚实的基础。在满足真空度的条件下，1#控制站用于"模仿"真空钎焊炉的温度控制。为此，通过操作员站衔接2#控制站真空度工作状态，从而启动1#控制站的温度控制流程。程序开发基本步骤如下：分析项目需求→新建项目→进行硬件组态→进行通信组态→绘制功能流程图→进行变量组态→编程→下载→调试验证→关联操作员站。下面主要介绍功能流程图和核心程序的功能模块。

1）功能流程图

1#控制站主要完成真空钎焊的温度控制，其真空钎焊工作周期参考前面的内容，其核心是多段温控曲线的实施。本项目基于"模仿"实施，通过在操作员站上给定目标温度和工作时间实现工艺流程，其工作周期拟定如下。第一段：室温（30 ℃）→ 40 ℃；第二段：40 ℃单回路 PID 恒定控制保持 2 min；第三段：40 ℃→60 ℃；第四段：60 ℃单回路 PID 恒定控制保持 2 min；第五段60 ℃→室温（30 ℃）。断偶、超温故障和真空钎焊完成开关信号既可由自动工作方式实现，也可通过外围按钮手动输入"模拟"实现，建议采用自动工作方式。据此，得到1#控制站功能流程图，如图 4 - 11 所示。另外，在具体实施时，温控曲线、PID 参数在监控界面完成设定和调整。

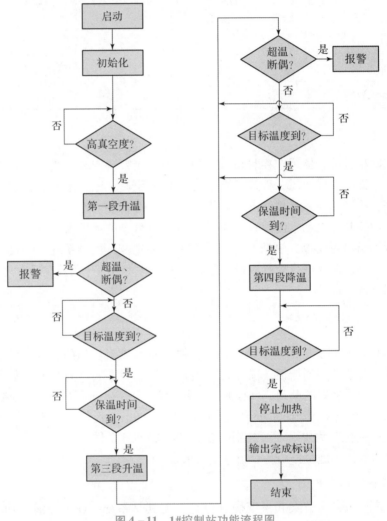

图 4 - 11　1#控制站功能流程图

2）核心程序的功能模块

根据 S7 - 1500 PLC 的工作原理和程序开发规律，其程序架构包括：符号表、数据块、变量、组织块、功能块。

本项目用到的组织块分别为 OB1——循环执行主程序、OB30——周期性中断执行程序。结合系统 I/O 信号清单，1#控制站定义数据变量与分配存储单元的关系见表 4 - 4。数据结构对编程、安装等方面至关重要，应特别注意开关量与 PLC 的两种关联方式处理及应用，具体情况由各小组设计。

表 4 - 4　1#控制站定义数据变量与分配存储单元的关系

序号	符号名称	数据类型	PLC 地址	组态关联（变量名）
1	温度值	I/O 实数	DB2. DBD10	温度
2	设定值	I/O 实数	DB2. DBD6	温度设定值
3	自动输出值	I/O 实数	DB2. DBD72	温度自动输出值
4	比例系数	I/O 实数	DB2. DBD20	温度比例系数
5	采样时间	I/O 实数	DB2. DBD2	温度采样时间
6	积分时间	I/O 实数	DB2. DBD24	温度积分时间
7	微分时间	I/O 实数	DB2. DBD28	温度微分时间
8	磁性调压器	I/O 实数	Q0. 6	磁性调压器
9	加热体	I/O 实数	Q0. 7	加热体
10	控制站启动	I/O 离散	DB3. DBX0. 0	1#控制站启动
11	高真空度标识	I/O 离散	DB3. DBX0. 1	高真空度标识
12	超温标识	I/O 离散	DB3. DBX0. 2	超温报警
13	断偶标识	I/O 离散	DB3. DBX0. 3	断偶报警
14	磁调启动	I/O 离散	DB3. DBX0. 4	磁性调压器启动
15	加热启动	I/O 离散	DB3. DBX0. 5	加热体启动
16	温控完成标识	I/O 离散	DB3. DBX0. 6	——
17	第一段温控标识	I/O 离散	DB3. DBX0. 7	第一段温控标识
18	第二段温控标识	I/O 离散	DB3. DBX1. 0	第二段温控标识
19	第三段温控标识	I/O 离散	DB3. DBX1. 1	第三段温控标识
20	第四段温控标识	I/O 离散	DB3. DBX1. 2	第四段温控标识
21	第五段温控标识	I/O 离散	DB3. DBX1. 3	第五段温控标识
22	初始化设置完毕	I/O 离散	DB3. DBX1. 4	初始化设置完毕 300
23	反馈 2#站	I/O 离散	DB3. DBX1. 5	反馈 2#控制站
24	手动选择	I/O 离散	DB3. DBX1. 6	手动选择 300
25	手动标识	I/O 离散	DB3. DBX1. 7	手动标识 300
26	自动选择	I/O 离散	DB3. DBX18. 0	自动选择 300
27	自动标识	I/O 离散	DB3. DBX18. 1	自动标识 300
28	目标温度 1	I/O 实数	DB3. DBD2	目标温度 1

序号	符号名称	数据类型	PLC 地址	组态关联（变量名）
29	目标温度 1 保温时间	I/O 整数	DB3. DBW6	目标温度 1 保温时间
30	目标温度 2	I/O 实数	DB3. DBD8	目标温度 2
31	目标温度 2 保温时间	I/O 整数	DB3. DBW12	目标温度 2 保温时间
32	目标温度 3	I/O 实数	DB3. DBD14	目标温度 3

综合上述分析，编程的重点和难点主要包括工作站共享数据处理、工艺段衔接、尤其周期性地实现 PID 过程控制，具体开发由小组自主完成。

 知识链接

PLC 应用系统

S7-1500 PLC、S7-1200 PLC 都是西门子的可编程控制器，由于性价比高，所以其市场占有率很高。下面对其应用系统设计、调试等方面作简要介绍。

1. 设计原则

（1）最大限度地满足被控设备或生产过程的控制要求。

（2）在满足控制要求的前提下，力求简单、经济、操作方便。

（3）保证系统工作安全可靠。

（4）考虑到今后的发展改进，应适当留有进一步扩展的余地。

2. 设计内容

（1）拟定系统设计的技术条件，它是整个设计的依据。

（2）选择电气传动形式和电动机、电磁阀等执行机构。

（3）选定 PLC 的型号。

（4）编制 PLC 的 I/O 分配表或 I/O 端子接线图。

（5）根据系统要求编写软件说明书，然后进行程序设计。

（6）重视人机界面的设计，增强人与机器之间的友善关系。

（7）设计操作台、电气柜及非标准电气部件。

（8）编写设计说明书和使用说明书。

3. 设计和调试的主要步骤

（1）深入了解和分析被控对象的工艺条件和控制要求。

（2）确定 I/O 设备，常用的输入设备有按钮、选择开关、行程开关、传感器等，常用的输出设备有继电器、接触器、指示灯、电磁阀等。

（3）选择合适的 PLC 类型，根据已确定的用户 I/O 设备，统计所需的输入信号和输出信号的点数，选择合适的 PLC 类型。

（4）分配 I/O 点，绘制 I/O 端子接线图。

（5）设计 PLC 应用系统梯形图程序，这是整个 PLC 应用系统设计最为核心的工作。

（6）将程序输入 PLC，当使用计算机编程时，可将程序下载到 PLC 中。

（7）进行软件测试，在将 PLC 连接到现场设备之前，必须进行软件测试，以排除程序中的错误。

（8）进行 PLC 应用系统整体调试，在 PLC 软/硬件设计和控制柜及现场施工完成后，就可以进行整个系统的联机调试。对于在联机调试中发现的问题要逐一排除，直至联机调试成功。

（9）编制技术文件，技术文件包括功能说明书、电气原理图、电器布置图、电气元件明细表、PLC 梯形图等。

4. 硬件设计内容

PLC 应用系统的硬件设计主要包括：PLC 选型、PLC 容量估算、I/O 模块选择、I/O 点分配、安全回路设计、外围电气设备选用、编程通信设备选用等。

5. 软件设计内容

（1）进行 PLC 软件功能的分析与设计。

（2）进行 I/O 信号及数据结构的分析与设计。

（3）进行程序结构的分析与设计。

（4）进行软件设计规格说明书的编制。

（5）用编程语言、PLC 指令进行程序设计。

（6）进行软件测试。

（7）进行程序使用说明书的编制。

6. 软件设计步骤

（1）制定设备运行方案。根据生产工艺的要求，分析各 I/O 点与各种操作之间的逻辑关系，确定需要检测的量和控制的方法，并设计出系统中各设备的操作内容和操作顺序，以此作为绘制控制流程图的基础。

（2）绘制控制流程图。对于较复杂的 PLC 应用系统，需要绘制其控制流程图，用以清楚地表明动作的顺序和条件。对于简单的 PLC 应用系统，可省略这一步。

（3）制定抗干扰措施。根据现场工作环境、干扰源的性质等因素，综合制定 PLC 应用系统的硬件和软件抗干扰措施，如硬件的电源隔离、信号滤波，软件的平均值滤波等。

（4）编写 PLC 程序。根据被控对象的 I/O 信号及所选定的 PLC 型号分配 PLC 的硬件资源，对 PLC 梯形图的各种继电器或接点进行编号，再按照软件规格说明书（技术要求、编制依据、测试），用 PLC 梯形图进行编程。

（5）进行软件测试。编写好的 PLC 程序难免存在缺陷或错误。为了及时发现和消除程序中的错误和缺陷，需要对 PLC 程序进行离线测试。经调试、排错、修改及模拟运行后，PLC 应用系统才能正式投入运行。

（6）编制程序使用说明书。当一项软件工程完成后，为了便于用户和现场调试人员使用，应对所编制的 PLC 程序进行说明。程序使用说明书应包括程序设计的依据、结构、功能，控制流程图，各项功能单元的分析，PLC 的 I/O 信号，程序的操作步骤、注意事项等。

2. 2#控制站程序开发

1）概况

综合上述分析，2#控制站用于"模仿"真空钎焊炉的真空度控制，并在满足真空度的条件下，通过操作员站衔接1#控制站的温度控制流程。另外，如果1#控制站在工作过程中出现断偶、超温故障或真空钎焊完成，则通过操作员站衔接2#控制站，按工艺要求进行相应处理。其程序开发步骤与1#控制站类似，即分析项目需求→新建项目→进行硬件组态→进行通信组态→绘制功能流程图→进行变量组态→编程→下载→调试验证→关联操作员站。

2）功能流程图

2#控制站主要完成真空钎焊的真空度控制。而本项目基于自动工作方式"模仿"实施，为此，拟定转速值为100对应低真空度，转速值为200对应高真空度；既可采用单回路PID闭环控制，为了简便也可直接采用开环控制。根据工艺流程，在操作员站上给定目标转速即可。各种延时采用PLC内部的定时器，均约定为1 min。据此，得到2#控制站功能流程图，如图4-12所示。

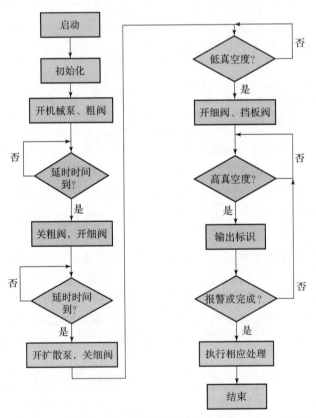

图4-12 2#控制站功能流程图

3）PLC存储单元分配

由项目控制工艺和图4-12，结合系统I/O清单，2#控制站存储单元分配表见表4-5所示。本项目2#控制站的核心程序与项目3基本类似，根据图4-12和表4-5，各小组自行完成2#控制站的程序开发工作。

表 4 – 5   2#控制站存储单元分配表

序号	符号名称	数据类型	PLC 地址	组态关联（变量名）
1	启动	I/O 离散	I0.0/m0.1	启动按钮
2	机械泵	I/O 离散	Q0.0/V1.0	机械泵
3	粗阀	I/O 离散	Q0.1/V1.1	粗阀
4	细阀	I/O 离散	Q0.2/V1.2	细阀
5	扩散泵	I/O 离散	Q0.3/V1.3	扩散泵
6	挡板阀	I/O 离散	Q0.4/V1.4	挡板阀
7	高真空	I/O 离散	Q0.5/V1.5	高真空度
8	炉室低温	I/O 离散	Q0.6/V1.6	炉室低温
9	充气阀	I/O 离散	Q0.7/V1.7	充气阀
10	低真空	I/O 离散	Q1.0/M1.0	低真空度
11	手动选择	I/O 离散	M10.0	手动选择 200
12	手动标识	I/O 离散	M10.1	手动标识 200
13	自动选择	I/O 离散	M10.2	自动选择 200
14	自动标识	I/O 离散	M10.3	自动标识 200
15	初始化设置完毕	I/O 离散	M10.4	初始化设置完毕
16	存储低真空度值	I/O 实数	VD400	手动设置低真空度值
17	存储高真空度值	I/O 实数	VD404	手动设置高真空度值
18	真空度值	I/O 实数	VD100/VD300	真空度测量值/真空度
19	真空度设定值	I/O 实数	VD104	真空度设定值
20	自动输出值	I/O 实数	VD108	自动输出值
21	比例系数	I/O 实数	VD112	比例系数
22	采样时间	I/O 实数	VD116	采样时间
23	积分时间	I/O 实数	VD120	积分时间
24	微分时间	I/O 实数	ID124	微分时间

3. 控制站与操作员站通信组态

根据上面的分析，控制站与操作员站的数据传输采用 TCP/IP 通信方式。下面介绍 1#控制站与操作员站的 TCP/IP 通信组态。

另外，为了验证 TCP/IP 通信状态，首先，在计算机上运行 ping 命令，保证能 ping 通 PLC；其次，自主拟定简单数据传输和控制关系，为控制站（PLC）和操作员站构建项目，开发测试程序。最重要的是在项目实施过程中需要规划好工作站之间传递、共享的数据，以及在工艺流程中控制关系的衔接问题。

4. 操作员站组态

本项目操作员站组态在项目 3 的基础上，新增安全管理功能。前面已经应用的功能模块，参考前面监控界面分析相关内容。另外，对于组态软件中尚未介绍或应用的其他功能模块，参考帮助文档和其他资源自主学习。各小组自主完成操作员站组态。

操作员站组态最为核心和复杂的内容如下：①变量定义，既直接关系到控制站的编程，也关系到 3 个工作站的数据共享、通信处理及应用；②硬件设计、工作方式选用和 3 个工作站的工艺流程衔接；③监控界面组态。下面对监控界面组态相关内容进行简要说明。

根据项目工艺要求及项目实施方案、控制站程序，对真空钎焊炉监控系统操作员站的监控界面进行组态，具体过程由各小组自主完成。下面给出图 4 – 13、图 4 – 14 作为参考。

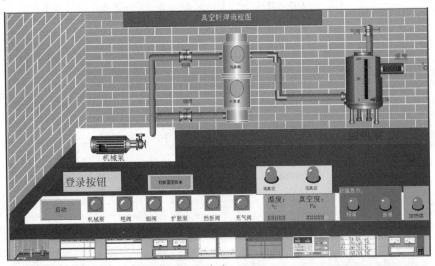

（a）

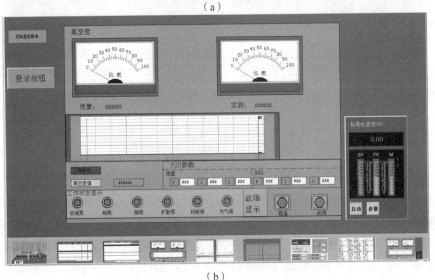

（b）

图 4 – 13　监控界面参考

（a）真空钎焊总控流程；（b）2#控制站真空度 PID 控制

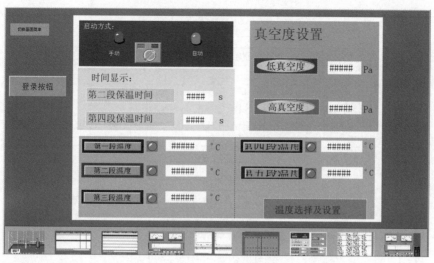

图4-14 系统初始化设置

4.2.6 系统调试、运行与维护

1. 系统调试

为了确保系统有序、安全、可靠地运行，系统调试工作至关重要。根据系统调试的基本要求和本项目的具体情况，依据设计图纸、产品技术资料、调试方案和有关规范，精心组织调试。应全面充分地了解所设计的控制方案和所实现的控制功能要求，有必要首先将系统的设计目标及控制程序的目标与项目所提供的控制要求进行比较、分析，提出合理意见，使控制流程更合理，以满足生产工艺需要。在系统调试过程中团队成员应分工明确、互相配合。系统调试工作重要而复杂，应遵循一定的流程和规律，系统调试总体流程如图4-15所示。

通过真空钎焊炉监控系统软、硬件设计和开发，按照具体工艺流程和工业应用环境对硬件和软件程序进行安装调试，以检查所设计系统是否满足设计目标及工作需要。

系统调试围绕系统软、硬件两方面同时进行。硬件调试主要包括操作员站、控制站和现场电气控制系统的调试；软件调试主要包括控制站各功能模块和操作员站各功能模块的调试。通过各功能模块独立调试、系统模拟联调和现场调试，解决所发现的问题，力争系统硬件和软件运行良好，从而确保真空钎焊炉监控系统工作安全、可靠、高效，其各种性能指标达到设计要求。本项目系统调试既要遵从工程项目的共性，又要考虑实训平台的特色。

2. 系统运行与维护

1）项目监控运行

在系统安装、调试的基础上，首先启动2#控制站PLC工作程序，然后启动1#控制站PLC工作程序，最后启动操作员站所组态的工程文件。真空钎焊炉监控系统的总监控界面示意如图4-16所示。利用菜单选项、位图和命令按钮可切换至其他监控界面，如实时趋势曲线界面（图4-17）、实时报表界面（图4-18）。根据系统运行界面状态，分析、验证所开发的系统是否满足项目设计要求，针对所存在的问题进行分析并解决。

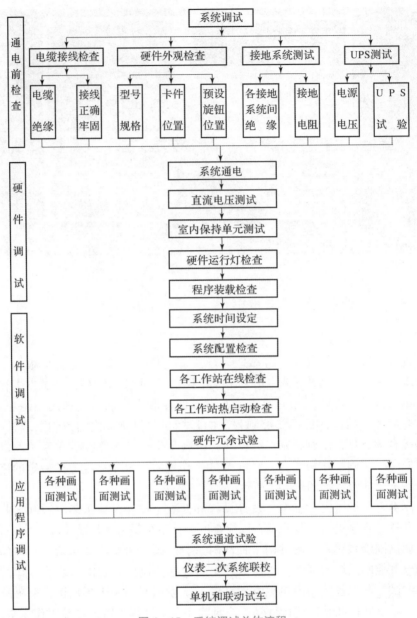

图4-15 系统调试总体流程

2）系统应用与维护

系统主要由电子元件和大规模集成电路构成，而且控制部件采用冗余容错技术，运行可靠性高。但是，受安装环境因素（温度、湿度、尘埃、腐蚀、电源、噪声、接地阻抗、振动和鼠害等）和使用方法（元器件老化和软件失效等）的影响，不能保证系统长期可靠、稳定地运行，因此，系统应用与维护是一个重要的问题。

系统应用与维护需要严格按照有关制度进行，并遵循操作规程，目前只需作概念性了解。系统维护可分为三个方面：系统日常维护、系统报警故障处理和系统二次开发。系统日常维护的主要内容包括控制室维护、控制站维护、操作员站维护、网络维护。

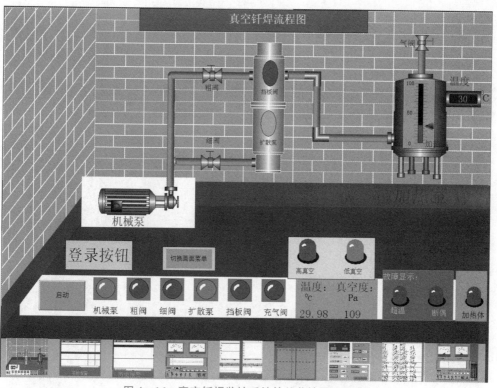

图 4-16　真空钎焊监控系统的总监控界面示意

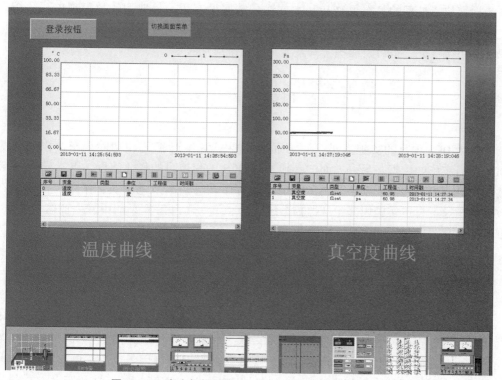

图 4-17　真空钎焊炉监控系统实时趋势曲线界面示意

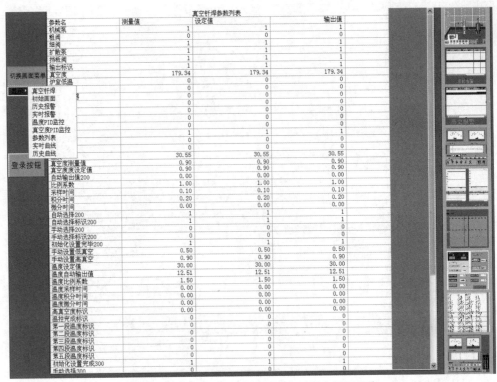

图 4 – 18　真空钎焊炉监控系统实时报表界面示意

系统报警故障处理的基本思路和基本方法是掌握最有用、最典型的故障现象，分析产生该故障现象的可能原因，然后采用排除法和替换法解决故障。系统二次开发不仅可以提高系统性能，也可持续提升开发人员的系统应用技能。

4.3　甲醛生产监控系统

作为 DCS 项目的实施人员，一方面，需要了解生产工艺和功能要求，以其作为 DCS 项目实施的依据；另一方面，必须了解 DCS 工程项目的作业流程，以指导 DCS 装置的设计、组态开发、安装和调试等工作的有序开展。本节基于实训平台，由学生在教师的指导下自主实施甲醛生产监控系统。为了进一步理解复杂的甲醛生产监控系统，下面简要介绍甲醛生产工艺、甲醛生产监控系统控制要求等内容。

4.3.1　工艺及要求

1. 甲醛生产工艺概况

甲醛是重要的有机化工原料，广泛应用于工程、农业、医药、染料等行业。含甲醛 35%~55% 的水溶液，其商品名为福尔马林，主要用于生产聚甲醛、酚醛树脂、乌洛托品、季戊四醇、合成橡胶等产品，在农业和医药部门也可用于生产杀虫剂或消毒剂。为了提高甲醛的产品质量和生产能力，降低成本，保证生产的稳定性和安全性，很多厂家对甲醛生产的自动控制提出了更高的要求。目前工业上生产甲醛一般采用甲醇氧化制甲醛的方法。在甲醛生产中，采用先进的 DCS 进行全程监控，以提高甲醛生产的技术水平。

甲醛生产过程简要归纳如下：原料甲醇由高位槽进入蒸发器加热，水洗后加热到蒸发器的甲醇层（约 50 ℃），甲醇蒸汽饱和后与水蒸汽混合；然后通过加热器加热到 100~120 ℃，经阻火器和加热器进入氧化反应器；氧化反应器的温度一般控制在 600~650 ℃，在催化剂的作用下，大部分甲醇转化为甲醛；为了控制副反应并防止甲醛分解，在转化后将气体冷却到 100~120 ℃，进入吸收塔，先用 37% 左右的甲醛水溶液吸收，再用稀甲醛或水吸收未被吸收的气体并从塔顶排出，送到尾气锅炉燃烧，提供热能。

2. 用户授权设置

根据操作习惯和甲醛生产工艺项目的操作权限等级要求，需建立 4 个用户名，见表 4-6。

表 4-6　用户授权设置

权限	用户名	密码	相应权限
特权	系统维护	SUPCONDCS	PID 参数设置、报表打印、报表在线修改、报警查询、报警声音修改、报警使能、操作记录查看、故障诊断信息查看、位号查找、调节器正反作用设置、屏幕复制打印、手工置值、系统退出、系统热键屏蔽设置、趋势画面修改、组态重载、主操作员站设置
工程师	工程师	1111	PID 参数设置、报表打印、报表在线修改、报警查询、报警声音修改、报警使能、操作记录查看、故障诊断信息查看、位号查找、调节器正反作用设置、屏幕复制打印、手工置值、系统退出、系统热键屏蔽设置、趋势画面修改、组态重载、主操作员站设置
操作员	蒸发氧化操作组	1111	组态重载、报表打印、故障诊断信息查看、屏幕复制打印、操作记录查看、趋势画面修改、报警查询
操作员	吸收操作组	1111	组态重载、报表打印、故障诊断信息查看、屏幕复制打印、操作记录查看、趋势画面修改、报警查询

3. 控制回路

控制回路信息用于指导控制方案的组态，甲醛生产工艺需要 10 个单回路控制方案，下面列出 3 个主要控制回路信息，见表 4-7。

表 4-7　主要控制回路信息

序号	控制方案注释、回路注释	回路位号	控制方案	PV	MV
00	蒸发器压力控制	PIC-201	单回路	PI-201	PV-201
01	蒸发器液位控制	LIC-201	单回路	LI-201	LV-201
02	甲醇蒸汽流量控制	FIC-201	单回路	FI-201	FV-201

4.3.2 测点统计

经过对工艺过程的统计，该甲醛生产监控系统项目中共有测点 80 余个，具体见表 4 - 8。

表 4 - 8　测点清单

序号	位号	描述	I/O	类型	量程/ON 描述	单位/OFF 描述	报警要求	趋势要求 （均记录 统计数据）
1	PIA - 203	系统压力	AI	配电 4 ~ 20 mA	0.0 ~ 60.0	kPa	HH60；HI54； LI6；LL0	低精度压缩，记录周期为 1 s
2	PI - 201	蒸发器压力	AI	配电 4 ~ 20 mA	0.0 ~ 120.0	kPa	HH120； HI108； LI12；LL0	低精度压缩，记录周期为 1 s
3	PIA - 202	尾气压力	AI	配电 4 ~ 20 mA	0.0 ~ 60.0	kPa	HH60；HI54； LI6；LL0	低精度压缩，记录周期为 1 s
4	PI - 202R101	蒸汽压力	AI	配电 4 ~ 20 mA	0.0 ~ 3.0	MPa	HH3；HI2； LI1；LL0	低精度压缩，记录周期为 1 s
5	PI - 213	二塔顶压力	AI	配电 4 ~ 20 mA	0.0 ~ 10.0	kPa	HH10；HI9； LI1；LL0	低精度压缩，记录周期为 1 s
6	FR - 203	风量	AI	配电 4 ~ 20 mA	0.0 ~ 4 500.0	NM3/h	HH4500； HI4050； LI450；LL0	低精度压缩，记录周期为 1 s
7	FI - 201	甲醇蒸汽流量	AI	配电 4 ~ 20 mA	0.0 ~ 2 000.0	NM3/h	HH2000； HI1800； LI200；LL0	低精度压缩，记录周期为 1 s
8	FI - 204	配料蒸汽流量	AI	配电 4 ~ 20 mA	0.0 ~ 2 000.0	NM3/h	HH2000； HI1800； LI200；LL0	低精度压缩，记录周期为 1 s
9	FIA - 202	尾气流量	AI	配电 4 ~ 20 mA	0.0 ~ 3 500.0	NM3/h	HH3500； HI3150； LI350；LL0	低精度压缩，记录周期为 1 s

学习笔记

序号	位号	描述	I/O	类型	量程/ON 描述	单位/OFF 描述	报警要求	趋势要求（均记录统计数据）
10	LI-201	蒸发器液位	AI	配电 4~20 mA	0.0~100.0	%	HH100；HI90；LI10；LL0	低精度压缩，记录周期为1 s
11	LI-202	废锅液位	AI	配电 4~20 mA	0.0~100.0	%	HH100；HI90；LI5；LL0	低精度压缩，记录周期为1 s
12	LI-205	V201液位	AI	配电 4~20 mA	0.0~100.0	%	HH100；HI90；LI10；LL0	低精度压缩，记录周期为1 s
13	LI-203	一塔底液位	AI	配电 4~20 mA	0.0~100.0	%	HH100；HI90；LI10；LL0	低精度压缩，记录周期为1 s
14	LI-204	二塔底液位	AI	配电 4~20 mA	0.0~100.0	%	HH100；HI90；LI10；LL0	低精度压缩，记录周期为1 s
15	LI-206	汽包液位	AI	配电 4~20 mA	0.0~100.0	%	HH100；HI90；LI10；LL0	低精度压缩，记录周期为1 s
16	I-101	空气风机电流	AI	不需配电 4~20 mA	0.0~312.0	A	HH180；HI150；LI50；LL0	低精度压缩，记录周期为2 s
17	I-102	尾气风机电流	AI	不需配电 4~20 mA	0.0~250.0	A	HH150；HI125；LI25；LL0	低精度压缩，记录周期为2 s
18	I-103A	甲醇上料泵电流A	AI	不需配电 4~20 mA	0.0~10.0	A	HH10；HI9；LI3；LL0	低精度压缩，记录周期为2 s
19	I-103B	甲醇上料泵电流B	AI	不需配电 4~20 mA	0.0~10.0	A	HH10；HI9；LI3；LL0	低精度压缩，记录周期为2 s
20	I-201A	一塔循环泵电流A	AI	不需配电 4~20 mA	0.0~100.0	A	HH50；HI45；LI15；LL0	低精度压缩，记录周期为2 s

序号	位号	描述	I/O	类型	量程/ON 描述	单位/OFF 描述	报警要求	趋势要求 （均记录 统计数据）
21	I－201B	一塔循环 泵电流B	AI	不需配电 4～20 mA	0.0～100.0	A	HH50；HI45； LI15；LL0	低精度压 缩，记录周期 为2 s
22	I－202A	二塔循环 泵电流A	AI	不需配电 4～20 mA	0.0～140.0	A	HH35；HI32； LI10；LL0	低精度压 缩，记录周期 为2 s
23	I－202B	二塔循环 泵电流B	AI	不需配电 4～20 mA	0.0～140.0	A	HH35；HI32； LI10；LL0	低精度压 缩，记录周期 为2 s
24	I－104A	软水泵 电流A	AI	不需配电 4～20 mA	0.0～400.0	A	HH10；HI9； LI3；LL0	低精度压 缩，记录周期 为2 s
25	I－104B	软水泵 电流B	AI	不需配电 4～20 mA	0.0～400.0	A	HH10；HI9； LI3；LL0	低精度压 缩，记录周期 为2 s
26	I－203	二塔中循环 泵电流	AI	不需配电 4～20 mA	0.0～100.0	A	HH20；HI18； LI3；LL0	低精度压 缩，记录周期 为2 s
27	I－204A	汽包给水 泵电流A	AI	不需配电 4～20 mA	0.0～150.0	A	HH20；HI18； LI3；LL0	低精度压 缩，记录周期 为2 s
28	I－204B	汽包给水 泵电流B	AI	不需配电 4～20 mA	0.0～150.0	A	HH20；HI18； LI3；LL0	低精度压 缩，记录周期 为2 s
29	I－111A	点火电流A	AI	不需配电 4～20 mA	0.0～30.0	A	HH30；HI27； LI5；LL0	低精度压 缩，记录周期 为2 s
30	I－111B	点火电流B	AI	不需配电 4～20 mA	0.0～30.0	A	HH30；HI27； LI5；LL0	低精度压 缩，记录周期 为2 s
31	I－111C	点火电流C	AI	不需配电 4～20 mA	0.0～30.0	A	—	低精度压 缩，记录周期 为2 s

序号	位号	描述	I/O	类型	量程/ON描述	单位/OFF描述	报警要求	趋势要求（均记录统计数据）
32	TI－210	氧化温度1	TC	K	0.0~800.0	℃	HH720；HI690；LI610；LL0	—
33	TI－211	氧化温度2	TC	K	0.0~800.0	℃	HH700；HI695；LI600；LL550	—
34	TI－212	氧化温度3	TC	K	0.0~800.0	℃	HH710；HI685；LI615；LL545	—
35	TI－213	氧化温度4	TC	K	0.0~800.0	℃	HH720；HI690；LI605；LL540	—
36	TI－214	氧化温度5	TC	K	0.0~800.0	℃	HH700；HI685；LI600；LL555	—
37	TI－227	尾气锅炉温度	TC	K	0.0~800.0	℃	HH800；HI720；LI80；LL0	—
38	FQ－201	甲醇蒸汽流量	TC	1~5 V	0.0~4 000.0	kg	HH4000；HI3600；LI400；LL0	—
39	TE－203	空气过热温度	RTD	Pt100	0.0~150.0	℃	HH150；HI135；LI15；LL0	高精度压缩，记录周期为1 s
40	TE－205	混合气温	RTD	Pt100	0.0~150.0	℃	HH150；HI135；LI15；LL0	高精度压缩，记录周期为1 s
41	TI－209	废锅温度	RTD	Pt100	0.0~150.0	℃	HH150；HI135；LI15；LL0	高精度压缩，记录周期为1 s
42	TI－215	R201出口温度	RTD	Pt100	0.0~150.0	℃	HH150；HI135；LI15；LL0	高精度压缩，记录周期为1 s

序号	位号	描述	I/O	类型	量程/ON描述	单位/OFF描述	报警要求	趋势要求（均记录统计数据）
43	TI－216	A201温度	RTD	Pt100	0.0～150.0	℃	HH150；HI135；LI15；LL0	高精度压缩，记录周期为1 s
44	TI－217	A201顶温	RTD	Pt100	0.0～150.0	℃	HH150；HI135；LI15；LL0	高精度压缩，记录周期为1 s
45	LV－201	蒸发器液位调节	AO	III型；正输出	—	—	—	—
46	PV－201	蒸发器压力调节	AO	III型；正输出	—	—	—	—
47	FV－201	甲醇蒸汽流量调节	AO	III型；正输出	—	—	—	—
48	FV－204	配料蒸汽流量调节	AO	III型；正输出	—	—	—	—
49	TV－210	氧温自动调节阀	AO	III型；正输出	—	—	—	—
50	HV－101	空气放空调节阀A	AO	III型；正输出	—	—	—	—
51	HV－102	空气放空调节阀B	AO	III型；正输出	—	—	—	—
52	TV－214	氧化温度5调节	AO	III型；正输出	—	—	—	—
53	HV－103	尾气流量手操	AO	III型；正输出	—	—	—	—
54	LV－202	废锅液位调节	AO	III型；正输出	—	—	—	—
55	LV－205	V201液位	AO	III型；正输出	—	—	—	—
56	LV－203	一塔底液位调节	AO	III型；正输出	—	—	—	—

学习笔记

序号	位号	描述	I/O	类型	量程/ON 描述	单位/OFF 描述	报警要求	趋势要求（均记录统计数据）
57	LV－204	二塔底液位调节	AO	Ⅲ型；正输出	—	—	—	
58	LV－206	汽包液位控制	AO	Ⅲ型；正输出	—	—	—	
59	WQV－202	尾气流量压力控制	AO	Ⅲ型；正输出	—	—	—	
60	PV－203A	高压补低压	AO	Ⅲ型；正输出	—	—	—	
61	PV－203B	蒸汽放空	AO	Ⅲ型；正输出	—	—	—	
62	B－101	空气风机运行状态	DI	NO；触点型	启动	停止	—	高精度压缩，记录周期为2 s
63	B－102	尾气风机运行状态	DI	NO；触点型	启动	停止	—	高精度压缩，记录周期为2 s
64	P－103A	甲醇上料泵运行状态 A	DI	NO；触点型	启动	停止	—	高精度压缩，记录周期为2 s
65	P－103B	甲醇上料泵运行状态 B	DI	NO；触点型	启动	停止	—	高精度压缩，记录周期为2 s
66	P－104A	软水泵运行状态 A	DI	NO；触点型	启动	停止	—	高精度压缩，记录周期为2 s
67	P－104B	软水泵运行状态 B	DI	NO；触点型	启动	停止	—	高精度压缩，记录周期为2 s
68	P－201A	一塔循环泵运行状态 A	DI	NO；触点型	启动	停止	—	高精度压缩，记录周期为2 s

序号	位号	描述	I/O	类型	量程/ON描述	单位/OFF描述	报警要求	趋势要求（均记录统计数据）
69	P-201B	一塔循环泵运行状态B	DI	NO；触点型	启动	停止	—	高精度压缩，记录周期为2 s
70	P-202A	二塔循环泵运行状态A	DI	NO；触点型	启动	停止	—	高精度压缩，记录周期为2 s
71	P-202B	二塔循环泵运行状态B	DI	NO；触点型	启动	停止	—	高精度压缩，记录周期为2 s
72	P-203	二塔中循环泵运行状态	DI	NO；触点型	启动	停止	—	高精度压缩，记录周期为2 s
73	P-204A	汽包给水泵运行状态A	DI	NO；触点型	启动	停止	—	高精度压缩，记录周期为2 s
74	P-204B	汽包给水泵运行状态B	DI	NO；触点型	启动	停止	—	高精度压缩，记录周期为2 s
75	LAH206	汽包水位高报	DI	NO；触点型	水位高	—	ON 报警	高精度压缩，记录周期为2 s
76	LAL206	汽包水位低报	DI	NO；触点型	水位低	—	ON 报警	高精度压缩，记录周期为2 s
77	Q-101	空气风机切换	DO	NO；触点型	开	关	—	—
78	Q-102	尾气风机切换	DO	NO；触点型	开	关	—	—
79	Q-103A	甲醇上料泵切换A	DO	NO；触点型	开	关	—	—
80	Q-103B	甲醇上料泵切换B	DO	NO；触点型	开	关	—	—
81	Q-104A	软水泵切换A	DO	NO；触点型	开	关	—	—

序号	位号	描述	I/O	类型	量程/ON 描述	单位/OFF 描述	报警要求	趋势要求 （均记录 统计数据）
82	Q－104B	软水泵 切换 B	DO	NO； 触点型	开	关	—	—
83	ZV－01	二塔顶放空	DO	NO； 触点型	开	关	—	—
84	Q－201A	一塔循环泵 切换 A	DO	NO； 触点型	开	关	—	—
85	Q－201B	一塔循环泵 切换 B	DO	NO； 触点型	开	关	—	—
86	Q－202A	二塔循环泵 切换 A	DO	NO； 触点型	开	关	—	—
87	Q－202B	二塔循环泵 切换 B	DO	NO； 触点型	开	关	—	—
88	Q－204A	汽包给水泵 切换 A	DO	NO； 触点型	开	关	—	—
89	Q－204B	汽包给水泵 切换 B	DO	NO； 触点型	开	关	—	—

4.3.3 监控界面组态

根据测点清单，完成测点统计和模块选型工作，并对各模块进行合理的布置，接下来进行系统组态，将用户硬件的配置情况、采集的信号类型、采用的控制方案及操作时需要的数据及画面等在软件中体现出来，即对 DCS 的软、硬件构成进行配置。完整的项目组态包括控制站、操作员站等硬件设备在软件中的配置，操作画面设计，流程图绘制，控制方案编写，报表制作等。下面对操作员站组态进行简要说明。

操作员站组态主要包括操作小组设置、监控界面制作、流程图绘制、报表制作、自定义键组态等内容。

在实际的工程应用中，并不是每个操作员站都需要查看和监控所有操作画面，可以利用操作小组对操作功能进行划分，每个不同的操作小组可观察、设置、修改指定的一组标准画面、流程图、报表、自定义键。对于规模较大的系统，建议设置一个总操作小组，它包含所有操作小组的组态内容，这样，当有操作员站出现故障时，可以运行总操作小组，查看出现故障的操作员站的运行内容，以免造成损失。甲醛生产监控系统项目设置 3 个操作小组，见表 4－9。数据分组分区设置见表 4－10。

表 4 – 9　操作小组设置

操作小组名称	切换等级	光字牌名称及对应分区
工程师	工程师	压力：对应压力数据分区 流量：对应流量数据分区 液位：对应液位数据分区 温度：对应温度数据分区
蒸发氧化	操作员	—
吸收	操作员	—

表 4 – 10　数据分组分区设置

数据分组	数据分区	位号
工程师数据分组	压力	PIA – 203、PI – 201、PI – 213
	流量	FI – 201、FI – 204
	液位	LI – 201、LI – 202、LI – 205
	温度	TI – 211、TI – 212、TI – 213、TI – 214
蒸发氧化数据分组	—	—
吸收数据分组	—	—

甲醛生产监控系统项目中监控界面较多，其中最为核心的是图 4 – 19 所示的蒸发氧化工序流程监控界面。

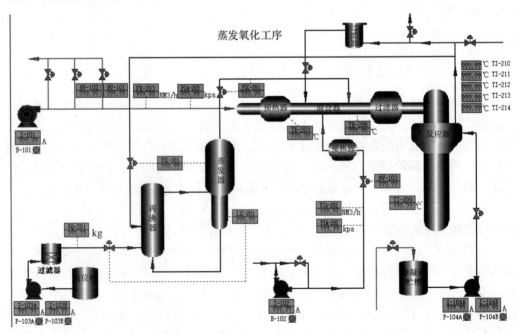

图 4 – 19　蒸发氧化工序流程监控界面

总　结

　　本项目基于国内市场占有率较高的组态王 7.5 和西门子的 TIA 博途 V16，结合真空钎焊炉监控系统、甲醛生产监控系统项目，进一步深化 DCS 的组态、开发、应用；同时，进一步强化对"工匠精神""科技强国""家国情怀"综合素质的培养。

　　在教学过程中，应注重对学习方法与能力培养，结合对教学资源库、相关手册、指导书、工程案例等资料的收集、整理、分析、总结、提炼，培养"以点带面、触类旁通"的适应、拓展及创新能力。